尋味‧
世界咖啡

——跟著咖啡豆的流轉傳播，
認識在地沖煮配方與品飲日常，
探索全球咖啡文化風景

藍妮‧金士頓（Lani Kingston） 著
魏嘉儀 譯

咖啡如何
成為全球
最受歡迎的
飲品之一

這是一段跨越數世紀的浪漫故事，訴說我們如何愛上一杯十分單純的飲品，一杯只是泡入幾顆來自非洲果實種子的水。

在過去數十年之間，關於咖啡，我們歷經了大幅度的探究。擺放著有原產地出生證明的精品咖啡豆的咖啡店，也在世界各大城市如雨後春筍般迅速竄生，同一時間，咖啡產國的莊園觀光產業也順勢起飛。然而，雖然我們了解並賞識咖啡的速度飛快，但關注的焦點往往依舊十分狹窄：咖啡的科學層面、原產地的背後故事、精品咖啡，或是以義式濃縮風格為主的咖啡文化。

不過，在義式濃縮咖啡逐漸占據咖啡文化舞臺中心之際，許多其他咖啡文化卻也因此難以讓人們聽見其充滿生氣且豐富的故事。雖然義式濃縮咖啡常常被視為高品質的象徵，但仍有許多咖啡風格也一樣美味、技巧高超、專精且富文化價值。在衣索比亞，人們會圍著升起的明火，看著女主人帶著儀式氛圍烘焙生豆，釋放咖啡豆香；在印度，咖啡店一旁可能就是香料與咖啡農田，當地沖煮咖啡時會同時放些現磨的新鮮小豆蔻。

世界各地不同的社會與飲食風貌，都因為咖啡的加入產生了新的形塑，隨著當地人們使用與栽種這項食材，咖啡已經成為眾多烹飪文化不可或缺的一部分。從咖啡沖煮風格、咖啡豆的使用，到飲品配方的發展，都受到了文化、氣候、政治與農業等層面的影響。我們也能從不同的咖啡飲品，窺見一個社會背後的故事。

來自越南與葉門的咖啡的確不同，但其中都有那股受到全球喜愛的咖啡香味，而我們也因此相互連結。咖啡就像是不同文化或時代之間的公約數，在差異之間牽起一道彼此相似的引線。

咖啡也改變了我們與黑暗之間的關係：咖啡因的刺激效果讓我們為自己的每一天爭取到更多時間。葉門的蘇菲教派（Sufis）因為喝咖啡而能在夜晚奉獻期間保持清醒，今日忙碌的勞工與學子也以咖啡因當作辛勤工作的燃料。十六世紀伊斯坦堡的咖啡館，也促進了當時夜間活動與娛樂的發展。飲用咖啡讓我們更能享受夜晚。

從開羅到倫敦，再到首爾，在不同政治紛亂的抗爭運動中，咖啡館始終扮演著支柱。殖民主義、帝國主義、征服者與觀光客也不斷讓咖啡作物與文化在四處遍布落腳（看看越南河內眾多的巴黎風格咖啡館）。戰爭不斷地發生，社會一個個形成，人們被強行帶到世界各地奴役耕作，其後代的故事線因此在一夕間永遠轉向。許多家庭移民至新土地，以種植咖啡試試運氣，許多為了承載繁忙咖啡貿易的港口周圍，更是因此建立起一座座城市——至今依舊繁盛。

另一方面，咖啡對於社會與環境的負面影響也是重要議題，不論是咖啡的引進或生產皆然。許多咖啡產國仍受到富裕消費國或跨國咖啡商與烘豆商的新殖民主義所掌控。世界各地的咖啡勞工依舊面臨極端的不平等問題，如工作環境條件、薪資與生存條件等。在可觀的歷

史脈絡中，奴隸一直扮演著咖啡產業的動力。許多賴以為生的農人被迫進行墾殖式農業，以此提供殖民長官出口作物；童工現象亦不罕見（某些國家到了今日甚至依舊如此）。

啟蒙運動作家貝爾納丹·德·聖皮耶（J.H. Bernardin de Saint Pierre）在 1773 年出版的《法蘭西島、波旁島與好望角之旅》（*A Voyage to the Isle of France, the Isle of Bourbon, and the Cape of Good Hope*）中，寫道：「我不知道咖啡與糖是不是歐洲幸福的泉源，但我知道這兩個產品正是造成世界兩大地區不幸的關鍵：為了種植它們，美洲的人口變少了；為了耕作它們，非洲的人口也變少了。」

今日，眾多國家與經濟體，以及大約一億兩千五百萬人，都以種植與出口咖啡維持生計。透過本書一個個章節，我們會看到人們因為依賴咖啡產品如何獲得巨大利益，又是如何遭遇毀滅性的損失。現在，許多咖啡產地都因氣候變遷與咖啡枯萎病等等因素面臨破壞。

未來，咖啡產國也將必須面對咖啡生長區域重新分布的可能，而生活及文化都與自家土地密不可分的農人，到時將承受社會經濟災難。坦尚尼亞咖啡委員會（Tanzania Coffee Board）表示，氣候變遷讓阿拉比卡咖啡（*arabica*）的最低生長海拔不斷提高，不禁令人擔憂農地的遷移將進一步危害生態系。而以上所提，也僅是全球咖啡產國人民必須面對的少數幾項問題。

為了保障咖啡的未來，科學領域不遺餘力地努力嘗試保護、保存與開發這種深受喜愛的植株，確保我們能在往後的幾世紀之內，依舊可以享受咖啡日常。科學家正致力於發現新物種，並與農人合作促進作物的永續經營，同時測試與培育具氣候韌性的品種，以及為所有咖啡產國測繪產區地圖，推測未來最佳種植區域。最近的科學研究計畫專注於建立氣候變遷之下的咖啡生長模型，並嘗試發展解決方案。

人們喝咖啡的方式其實展現了許多關於「他們自己」的資訊，例如他們的歷史、來自何方、當地貿易歷史與國際關係、他們的口味與偏好，以及受到哪些影響。全球各地的人們都將這些源自非洲的種子納為己有，融入自己的想法、技術與當地食材。

咖啡貌似單純，卻也是一項飽含了無數面向的議題。為了深入好好瞭解它，我們即將先從咖啡基本面向展開：介紹咖啡樹、如何採收與處理咖啡豆，以及分享如何沖煮出一杯完美咖啡的關鍵知識。

接下來是一則則關於充滿咖啡多元文化與創新的故事。這些故事讓我們看見世界是如何彼此串連——以及一顆簡單的果實如何幫助拉近宗教、政治與地理的隔閡。透過這些故事，各位可以舒舒服服地坐在家裡廚房，一面以這些咖啡飲品配方學會親手做出一杯能滿心享受的咖啡，一面展開一場世界環遊。

　　《尋味‧世界咖啡》希望以咖啡飲者的視角探索每一個國家，而不僅僅只是以咖啡生產者的立場。

　　因此，也許各位會覺得有些困惑，為何本書看不到關於不同國家的產區、後製處理風格或採收技術等重要的細節。這是一種許多咖啡書刻意且明顯的注意力轉移手法。這類資訊很多都是為了幫助消費者找到偏愛的咖啡豆，或是讓咖啡專家挖掘更多關於咖啡源頭的資訊。因此內容大多圍繞在咖啡與其產國，聚焦於產國如何栽培這種讓其他地方購買的商品。

　　本書將目光放在來自非洲的這顆水果種子，是如何贏得全球人們的心，而世界各地又是如何喜悅滿懷地將它納入自己的飲食文化。本書出色的內容讓現有咖啡資料庫更加完整，是咖啡入門新手能輕鬆閱讀的知識，書中許多咖啡飲品都能輕易上手，需要的設備也很簡單。較資深的咖啡師則能以自身偏好的咖啡沖煮法與／或咖啡豆，製作書中多數飲品配方，並以些許調整享受獨特且香氣滿溢的咖啡沖煮體驗。

　　飲品配方，提供公制與英制單位，有些使用重量，有些則採用體積。咖啡專業人士通常都會以測量重量的公制單位沖煮咖啡；然而，如果飲品配方在傳統上並不要求精確，我們會簡化成以杯或湯匙為單位，以方便讀者使用。

　　數值精確的飲品配方，通常會測量重量。液體也一樣會以重量測量（也就是採用公克，而不是毫升；使用盎司，而非液體盎司）。這些擁有精確測量數值的咖啡飲品，必須搭配電子秤，以達到正確的萃取度與準確的風味。

　　這些飲品配方的測量單位傾向使用公制，因為英制在少量咖啡粉的量測方面難以達到精準。如果手邊沒有公制電子秤（或是比較偏好使用湯匙量咖啡粉），我們也有換算成大致的美規湯匙單位，以利使用。

　　不講求數值精確的飲品配方，會是全部簡化成標準美規的杯或湯匙單位。若換成英規或澳規的杯或湯匙單位，也完全可行。

　　理想上，還是希望使用精確的電子秤（0.1公克的精度）。一大匙的咖啡粉大約是 5 公克，一尖大匙則大約 7 公克。

藍妮‧金士頓（Lani Kingston）
飲食作家、研究者與顧問，專精於咖啡、巧克力與永續食物。她擁有食物研究與教育的碩士學位，以及電影與電視的學士學位，也有咖啡師與甜點廚師認證。
藍妮曾有數年之間在全球不同國家旅行與生活，深入挖掘各處的在地咖啡文化與傳統。本書是她的第三本咖啡書，囊括了這些年的研究，並希望以本書為這些非凡的咖啡文化，致上最高的敬意。

關於咖啡，
你需要知道的
一切

為了成功沖煮出本書的多數咖啡配方，必須具備一些關於咖啡的基本理解與沖煮技術。

本書提到的許多國家與區域都有生產咖啡豆。雖然可以在書中得到許多關於咖啡獨有特質的細節，以及不同產地的咖啡風味，但本書介紹不同國家的目光焦點依舊是以咖啡飲者出發。

不過，雖然分享每個國家不同文化中的咖啡配方與特殊沖煮方式是關鍵焦點，主角咖啡豆本身的差異也十分重要，這些差異可能源自產地、採收方式、品種與烘焙方式。以下快速統整基本資訊，以助於為每份咖啡配方選出最佳咖啡豆。

咖啡樹

茜草科（*Rubiaceae*），這是一個開花植物科別，而咖啡屬（*Coffea*）隸屬於其中。咖啡屬包含了超過一百個物種，但其中只有少數幾個物種和咖啡飲者有關。阿拉比卡（*Coffea arabica*）與羅布斯塔（*Coffea canephora*，常稱為 *robusta*）是兩個最具商業價值的重要品種。

羅布斯塔是全球許多小農普遍且較明智的品種選擇。相較於阿拉比卡，羅布斯塔比較不需要密切照料、較便宜、較不容易染病，也更能適應天候。由於羅布斯塔的咖啡因含量較高

且糖分較低，害蟲侵擾的困擾較少，但也因此風味較強烈、更苦且甜味也較低。義式濃縮咖啡的咖啡粉配方常常會添加羅布斯塔，以沖煮出更厚實的克麗瑪（crema，請見第 254 頁）。

阿拉比卡被視為品質與卓越風味的黃金標準。精品咖啡豆主要是阿拉比卡，雖然目前正逐漸增加對其他物種的興趣，但主要礙於其他物種潛在的不尋常風味、咖啡因含量較低，以及有特殊的氣候適應性或抗病性。一般而言，阿拉比卡的品飲描述會是果香與花香，並伴隨

些許莓果、巧克力或堅果調性，反映了阿拉比卡較高的含糖量。

賴比瑞亞（*Coffea liberica*）是第三個具商業價值的咖啡物種，但所占全球咖啡種植面積比例很小。如同其他咖啡物種，賴比瑞亞的原產地也是非洲，雖然現在的主要種植地區位於南亞。賴比瑞亞在 1800 年代晚期引進南亞，因具有比阿拉比卡更高的抗黴性。它的風味表現比表親們更鮮明且更具大地調性，也常常帶

著煙燻風味。

品種與栽培種

在探索全球咖啡豆的路途中，會遇到兩個名詞：品種（varieties）與栽培種（cultivars）。每一個咖啡物種會在傳播到全世界的過程，隨著時間衍生出許多品種。栽培種與品種兩詞往往會相互混用，一般而言，栽培種通常代表已經經過栽種、繁殖或某些人為影響的咖啡品

種，因此稱為栽培種。另一方面，也有許多自然野生與雜交的咖啡品種，不過這類咖啡品種絕大多數不會做成商業產品。

全球有許多咖啡品種與亞種（sub-types）。帝比卡（Typica）就是一種歷史悠久的阿拉比卡品種，可以一路追溯至第一批在葉門境外的印度馬拉巴（Malabar）海岸與印尼的爪哇島（island of Java）種下的咖啡豆。波旁（Bourbon）也屬於阿拉比卡品種，擁有複雜且平衡的香氣，也因此往往售價高昂。波旁在印度海的波旁島（Île Bourbon，也稱為留尼旺〔Réunion〕）自然演化生成，也因此得名。

卡杜拉（Caturra）、卡圖艾（Catuai）與蒙多諾沃（Mundo Novo）則是波旁與帝比卡的常見變種與雜交種，開發與培育的目的主要都是為了抗害蟲、風味或高產量。給夏（Gesha，又稱藝妓）則因高品質與風味深受喜愛，它是最具知名度的亞種之一，常常在國際咖啡拍賣會（全球烘豆商與買家會在這類拍賣會標購咖

啡生豆〔請見第 254 頁〕）取得最高標價。

咖啡豆

咖啡豆就是咖啡果實的種子，許多咖啡屬植物都會結出這類果實。人們會在咖啡果實呈亮紅色時採收，接著進行取出種子的後製處理，每一顆果實通常都會包含了兩顆種子。當咖啡果實內僅含有一顆種子時，便稱為圓豆（peaberries，又稱公豆，請見第 254 頁），全球每次收成大約都會有 4 ～ 5% 為圓豆。某些人認為圓豆的風味較佳，因為所有源自咖啡果實的優點都會濃縮進入一顆種子中。

咖啡產地

全球種咖啡的國家超過七十個，這些國家幾乎皆位於潮濕的赤道地帶，即北緯 25 度與南緯 30 度之間。此地帶稱為咖啡豆帶，產地大致都擁有約為攝氏 20 度的穩定氣溫、養分豐沛的土壤、適中的日照與充足的雨量。

咖啡豆採收

根據農地尺寸、地表相對平坦度、咖啡類型與當地文化，咖啡豆採收方式各異。許多大型農地會採用速剝採收法（Strip Picking），可能是機械採收或農人在田中的單一通道採收所有果實。接著，咖啡果實會以不同方式篩選成熟度，例如水選浮力槽（flotation tanks），未成熟的果實會由不同的水道分離出來。在巴西，許多咖啡田的占地都極為廣闊且地形平

坦，因此比起聘請採收工人仔細揀選成熟果實，在單一通道以機械一次採收所有果實並丟棄未成熟的果實，比較符合成本效益。

許多精品咖啡豆生產者、小型農地，或位於山丘、多岩地塊或山麓地帶的農地，則因為機械式採收較難施行，便多採用選摘採收法（Selective Picking）。選摘採收法的生豆通常

會被視為品質較高，因為採收工人有經過訓練會只選摘完美成熟的果實，確保所有收成的作物都擁有最頂峰的成熟度。

後製處理法

全球絕大部分咖啡農地的部分品種主要使用兩種後製處理法。乾處理法（dry method），也稱為日曬處理法（natural method），往往在水源有限或農人無法負荷昂貴設備時採用。咖啡果實會在日照之下曬乾，此時，咖啡果實會開始出現發酵作用，在大約數天或數週的期

間反覆翻動，直到果實的含水量降低至 10 ～ 12％。接著會進行去皮，磨除乾燥的果肉，取出其中的種子。

另一方面，濕處理法（wet method），也稱為水洗處理法（washed method），咖啡果實會經過泡水與篩選，接著透過滾動式的擠壓設備，除去果皮與新鮮果肉。剩下的咖啡豆會裹著果實的一層黏果膠。這些咖啡豆放在槽中發酵，以裂解這層果膠（但有時也會利用機械除去果膠），然後再以水分洗淨，並靜置乾燥至咖啡豆含水量降低到 10 ～ 12％。

其他的後製處理法還有半水洗處理法（semi-washed methods），這種處理法近期在精品咖啡產業變得熱門。去果皮日曬處理法（pulped natural method）或蜜處理法（honey method）也都屬於半水洗處理法，咖啡果實會經過水洗處理的程序，但省去發酵階段，直接讓仍裹著一層果膠的咖啡豆在日照之下曬乾。這類的咖啡豆則是以甜香調性降低酸度著稱。

許多農人、產豆商與產地也都有自己獨特的處理方式，以上述的基本處理法搭配各式各樣的變化。還有一些農人則是試驗不同發酵法，目標是以實驗性處理法慢慢培養出特定獨有的風味樣貌，例如引用釀酒技巧的二氧化碳浸漬處理法（carbonic maceration）。二氧化碳浸漬處理法中，果實會在充滿二氧化碳的密封環境中發酵，讓咖啡豆產生奇特或如葡萄酒風味般的香氣。

咖啡豆烘焙

烘焙前的咖啡豆稱為生豆（請見第 254 頁）。烘焙是釋放咖啡豆風味與香氣的關鍵。在烘焙過程中，咖啡豆內會經歷複雜的化學反應。

咖啡生豆含有超過兩百五十種香氣化合物，而烘焙完成的咖啡熟豆則增加到八百種。當生豆的氨基酸、糖分、胜肽（peptides）與蛋白質，在烘焙過程經過結合、生成或破壞之後，便產生這些香氣化合物。

咖啡豆的烘焙程度從極淺到極深都有。就像是其他食物，經過越長的烘焙時間以及越強的火候，食物的顏色就會變得越深。一般而言，咖啡豆烘焙得越深就會越苦，烘焙得越淺則越酸。

人們常用咖啡豆色來判斷烘焙程度，也就是假設顏色較深的咖啡熟豆是經過了較長時間的烘焙——但必須注意的是，即使烘焙程度一致，不同咖啡的熟豆豆色還是會不一樣。例如蘇門答臘（Sumatran）咖啡豆的熟豆顏色會很淺，即使實際烘焙程度高很多，豆色依舊可能如同其他類型咖啡豆的淺焙。辨認烘焙程度較準確的方式則是觀察豆表的狀態：當烘焙程度越高，每顆咖啡豆的豆表就會越亮，因為豆內的油脂會移動到表面。

本書許多咖啡製作配方都會列出特定的建議烘焙程度。淺焙的咖啡豆能嘗到比較接近咖啡豆當地咖啡配方所呈現的風味，不過也可以採用任何你想要使用的烘焙程度。

綠色（Green）

未經烘焙的生豆。

金黃色（Golden ／ Blonde）

極淺焙，基本上就是只經脫水的咖啡豆。使用的通常是阿拉伯海灣國家的咖啡豆。風味似茶與穀片，口感清淡且柔和。

淺焙（Light）

淺棕烘焙程度，隨著咖啡豆品質的提升，此烘焙程度逐漸常見。因為烘焙程度較高，所以能將烘焙風味傳遞至咖啡豆，較淺焙的烘焙能更彰顯咖啡豆本身的風味。風味明亮，帶果香，高酸度且帶花香。

中焙（Medium）

　　有時也被稱為美式烘焙，此烘焙程度在美國較為流行。當咖啡豆到達中深焙的程度時，豆表就會發展出閃亮的光澤。風味香甜，帶有巧克力、堅果調性，醇厚度飽滿且平衡。

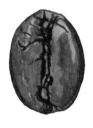 

深焙（Dark）

　　深焙從剛過中深焙一路到頗為焦燒，當烘焙時間越長，苦味也會增加。深焙咖啡豆的重量較輕，因為含水量更低，所以若是以體積測量咖啡豆量，而非重量，沖煮出的咖啡強度就會稍稍較低。風味強烈而豐厚，低酸度且帶有焦糖味。

黑／焙炒／糖炒（Kopi ／ Torrefacto ／ Café Torrado）

　　糖炒咖啡豆在東南亞、西班牙與拉丁美洲十分常見。咖啡豆有時也會裹上人造奶油（margarine）或奶油。風味偏苦、深沉且強烈。

咖啡豆選擇

　　咖啡豆類型的選擇幾乎無限：義式濃縮配方豆、單一產地、阿拉比卡、羅布斯塔……。哪一種才是最佳咖啡豆呢？答案就是你喜歡喝的那種。這個問題也是本書存在的意義之一──告訴大家沖煮一杯早晨美味咖啡的背後，沒有什麼最佳唯一方法。一切皆關乎於個人偏好。如果你是瓜地馬拉淺焙咖啡豆粉絲，本書許多咖啡飲品都能以此咖啡豆製作。如果換成用義式濃縮咖啡的配方豆呢？當然也可以。

　　不過，書中許多咖啡飲品會有指定咖啡豆。一旦列出了咖啡豆、烘焙或混調的風格，也就表示這是重要的一環。例如傳統南印度的濾沖咖啡 kaapi（請見第 98 頁）中，菊苣與咖啡豆的混合配方就是必要關鍵，不論是在風味表現，或萃取程度的恰當與否（菊苣浸泡於水中的時間比咖啡長的話，飲品就會越濃）皆然。當然，也可以用其他咖啡豆試驗，但做出的就會是不同的飲品。

咖啡豆研磨

　　比起購買預先研磨的咖啡粉，買來咖啡豆自己現磨沖煮出的咖啡會更棒；風味能鎖在完整的咖啡豆內，直到準備研磨與沖煮時才釋放出來。重要的是，盡可能在咖啡豆最新鮮的時候，自己研磨並隨即沖煮。

　　咖啡磨豆機有兩種類型：磨盤式（burr，或稱臼式）與磨刀式（blade）。磨刀式磨豆機價格便宜，不過使用時間一旦拉長，就會研磨

出越多咖啡細粉。想要以磨刀式磨豆機讓咖啡粉研磨至期望的水準，知識與時機的掌握缺一不可。這類磨豆機是以切砍方式研磨咖啡豆，因此咖啡粉顆粒往往尺寸不一且含有許多咖啡細粉。一般而言，磨刀式磨豆機也無法研磨出用於義式濃縮或土耳其式萃取咖啡的細緻咖啡粉。

咖啡專業領域則偏好使用磨盤式磨豆機。使用者可以調整特定的磨盤間距，並研磨出顆粒尺寸頗為穩定的咖啡粉。這類磨豆機也常有細、中或粗的預設咖啡粉尺寸，幫助咖啡新手認識恰當的咖啡粉粒徑尺寸。請千萬別低估了

正確研磨咖啡粉的重要性——這是做出一杯萃取理想的美味咖啡最大的障礙之一。

完成磨豆機設定的唯一方法，就是透過小小的試誤實驗。一開始可以使用比較便宜的咖啡豆，因為達到對的磨豆機設定之前必須經過一些實驗。

首先，將磨豆機的粒徑調至最細。研磨出些許咖啡粉。如果沒有任何咖啡粉從磨豆機出來，就將粒徑調粗一些。用你的磨豆機研磨出其最細緻的咖啡粉之後，捏起一些咖啡粉在指尖搓揉。用於製作義式濃縮咖啡的極細咖啡粉，顆粒大小應穩定一致，而且粒徑介於食鹽與麵粉之間。如果摸起來有點像糖粉，恭喜你！你的磨豆機能研磨出極細咖啡粉，製作土耳其咖啡就必須使用極細咖啡粉。接著，請將顆粒尺寸調粗進入中等粒徑，最終抵達粗粒範圍。

到了中至粗尺寸範圍時，影響的就是口感。此範圍的咖啡粉常用在許多類型的浸泡式沖煮（請見第 16 頁），可以依照自己的偏好調整。當然，浸泡式咖啡的風味也關乎於水溫與沖煮時間、咖啡豆存放時間及許許多多因素！

從書頁的字裡行間學習咖啡粉的粒徑尺寸相當困難，但可以試著把握這項微調咖啡粉粒徑的關鍵：如果咖啡粉太粗，咖啡就會萃取不足。咖啡嘗起來可能會帶有酸敗的味道，咖啡的顏色也會淺很多。如果咖啡粉太細，咖啡便會過度萃取。此時，咖啡顏色會比較深、帶有強烈苦味，甚至可能會出現灰燼的味道，而甜香、焦糖或果香等風味幾乎都會消失不見。

咖啡測量

咖啡評鑑者與咖啡師在測量食材時，通常會使用公制與一組精確的電子秤。因咖啡多數是少量沖煮，所以採用英制很難達到精確量測。如果偏好英制或手邊沒有電子秤，也有將測量單位換算成美規的杯與湯匙，方便各位使用。

至於必須準確複製的咖啡飲品配方，就會採用重量測量。而無須達到完全準確的飲品配方，所有原料都可以簡化成標準杯與湯匙等單位。雖然美規、英規、杯或湯匙等測量單位的體積都稍有不同，但這類咖啡飲品採用何者其實都無妨。

當咖啡飲品配方是列出咖啡粉的重量單位時，一旁也會附上方便使用的湯匙量。請注意，一尖小匙的量到底是多少其實眾說紛紜，所以為了維持本書飲品配方的一致，皆遵循此規則：一小匙咖啡粉約為 5 公克，一尖小匙則約為 7 公克。

沖煮水

絕大多數基本咖啡飲品的沖煮水，都是沸騰後離火約 1 或 2 分鐘。如同重量測量的情況，

本書所有傳統上無須講求精確的咖啡飲品，沖煮水的描述會是簡單的熱水，單純代表這是沸騰後離火 30 ～ 90 秒鐘的水。無須過於講究。

某些咖啡飲品則會明列沖煮水溫。這類飲品配方的食材通常也會列出確切的重量，一般而言要採用比較精確的方式沖煮。不過，還是可以忽略額外的注意事項，用比較隨興的方式製作，但注意事項能幫助咖啡發揮出最佳風味。

所以，需不需要以溫度計測量水溫？不是每次都要。每個人家裡的水溫都會以不同的速率下降（根據煮沸的水量與環境氣溫而變化），但各位可以在家中進行實驗，然後根據實驗的結果讓未來的沖煮過程變得更輕鬆。

首先，請以各位的標準器具煮水，並以溫度計測量。煮沸後的測量應該差不多是 100℃（212 ℉），但如果身處高海拔地區，沸點會低一些。30 秒鐘過後，再次測量水溫。沸騰水溫與 30 秒後水溫之間的差異就是你的沖煮水冷卻速率。所以，如果咖啡飲品配方請你準備 96℃（205 ℉）的沖煮水，而你的水溫冷卻速率是 30 秒鐘 4℃ 的話，就可以使用沸騰後離火 30 秒鐘的水。

沖煮咖啡

絕大多數的咖啡設備與飲品配方，都會利用以下所列一個或多個沖煮方法萃取咖啡：加壓、浸泡、煮沸或濾沖。

煮沸法（boiling，雖然有些用詞不當，因為這類沖煮方式鮮少將咖啡加熱至滾燙），此沖煮法是咖啡粉與水一同加熱，直到咖啡的強度與風味達到理想狀態。浸泡法（immersion ／ steeping），將熱水與咖啡粉混合並靜置一段特定的時間。加壓法（pressure），以高壓狀態萃取出咖啡豆內的可溶物質，例如義式濃縮咖啡機。濾沖法（filtration），讓水穿流過咖啡粉，萃取出咖啡豆內的可溶物質，同時讓咖啡粉留在濾紙、濾布或金屬濾網上。

許多咖啡沖煮器材會結合一或兩種沖煮法。例如，使用法式濾壓壺（French press ／ cafetière）沖煮咖啡時，咖啡粉會在一段特定的時間中浸泡於熱水，接著將濾網下壓又可將咖啡渣濾除。

義式濃縮咖啡已經滲透全球各地的咖啡文

化。製作義式濃縮咖啡的風格與方法繁多，但全部都依循一個相同的基本原則運作：熱水以高壓強行穿過細緻的咖啡粉，萃取出濃縮咖啡。一份義式濃縮咖啡可以是許多咖啡飲品的基底，但如果家中沒有義式濃縮咖啡機，或者也沒有要投資一臺的打算，並不代表什麼都做不了。

本書有不少飲品配方需要準備黑咖啡、義式濃縮咖啡或濃咖啡，也都可以用任何平常習

慣的沖煮法製作，只要咖啡強度相似即可（也可以稀釋至需要的強度）。例如，不能把一杯濾沖黑咖啡直接換成一杯義式濃縮咖啡，但可以將義式濃縮咖啡加水稀釋至雷同的強度。

如果飲品配方需要準備一杯黑咖啡，可以用法式濾壓、濾沖或簡單泡一杯優質即溶咖啡。如果配方要的是一杯義式濃縮咖啡，可以

使用義式濃縮咖啡機、膠囊咖啡機或爐式咖啡壺。雖然膠囊咖啡機或爐式咖啡壺都無法做出「真正的」義式濃縮咖啡，但都是恰當的替代品。以它們萃取出的超濃縮咖啡適合用在書中所有需要義式濃縮咖啡的飲品配方。

每個人沖煮咖啡的方式都不一樣，會因為各自的出身與風味偏好而不同，而咖啡飲品也會因為不同地區、城市甚至家庭而異。本書許多咖啡飲品僅收錄其中一種製作方式，可以當作各位開始實驗的良好起點，盡量研究與嘗試不同的沖煮方式、咖啡豆與烘焙程度，找到讓你喜愛的咖啡。

咖啡強度注意事項

強或濃是一個形容詞，往往可以混用於描述咖啡烘焙得很深、風味很強烈，或咖啡因含量很高。值得注意的是，以上三句話代表的是一杯咖啡相當不同的面向。在咖啡領域的專有名詞中，強度代表的是以水萃取出的可溶物質比例。也就是一單位液體飲品溶解了多少百分比的物質，簡單來說，就是咖啡有多濃。雖然

深焙咖啡豆因為烘焙時間較長而發展出比較強烈的苦味，喝起來可能會比較強烈，但並不代表它比較濃，也不表示咖啡因比較高。其實，如果以湯匙測量咖啡豆量，淺焙咖啡豆的咖啡因反而會稍微高一些，因為深焙咖啡豆的密度較低——每單位液體實際能萃取的咖啡豆量比較少。

義式濃縮咖啡沖煮比例之爭

談到義式濃縮咖啡的製作，會出現許多正確做法的流派與眾多爭論。但在實際製作中，

義式濃縮咖啡的沖煮比例與測量，會因為口味偏好、文化、烘焙風格、咖啡豆原產地、磨豆機類型等等許多因素而有劇烈的差異。例如，尼加拉瓜單一產地淺焙咖啡豆與羅布斯塔混調義式深焙咖啡豆，兩者製作方式就會相當不同。

傳統義式比例是一份義式濃縮咖啡使用 7 公克咖啡粉，雙份則是 14 公克。許多現代精品咖啡館的注粉量則更高，雙份義式濃縮咖啡可以用到 16～19 公克。

近日，許多咖啡師開始以各自偏愛的沖煮比例，建立自己的咖啡飲品配方。義大利境外

精品咖啡館最常見的沖煮比例大約是 1：2 的進粉與出杯比例。意思就是以 18 公克的咖啡粉製作出一杯 36 公克的雙份義式濃縮咖啡，萃取時間一般來說是 20～35 秒鐘。然而在義大利，傳統沖煮比例則是 1：3（正常單份義式濃縮咖啡），或是以 7 公克咖啡粉製作出一杯 21 公克的單份義式濃縮咖啡。較低的沖煮比例（1：2）會視為精華萃取義式濃縮咖啡（ristretto espress），而較高的沖煮比例（1：4）則稱為長萃義式濃縮咖啡（lungo espresso）。

一如往常，各位也應該透過實驗，找出自己最喜歡的風味。先試試傳統的義式沖煮比例（1：3），然後以此為基礎嘗試其他比例，進一步找到最符合自己口味偏好與愛用咖啡豆的沖煮比例。

有機或公平交易？

到底該不該換成購買有機或公平交易咖啡？不幸的是，這是引發各種高度政治化看法的議題。雖然有機種植咖啡表面上看起來對環境與農人都比較好，但有機認證往往取得困難，或者對於小農而言過於昂貴。因此，許多數世代皆採用自然、低干預、零殺蟲劑等作法的小農，皆無力取得價格高昂的有機認證標示。不過，這並不代表不應該購買有機認證的咖啡豆，而是不應該因此只購買有機咖啡豆。

另一方面，公平交易也有類似情形。擁有公平交易認證的農場禁止利用童工或強迫勞動，而公平交易會設定最低產品售價，以確保咖啡農人擁有更優惠且穩定的咖啡豆售價。此做法有助於將商品價格波動的風險降至最低，也幫助小型咖啡豆商以更合理的條件進入市場。

然而，部分觀察家認為全球認證系統代表的是一種新殖民主義的形式。社會學家妮基·柯爾（Nicki Lisa Cole）與凱斯·布朗（Keith Brown）在 2014 年共同發表的論文〈公平交易咖啡的問題〉（*The Problem with Fair Trade Coffee*）指出，「在跨國市場嵌入勞工權利規章」可能會破壞國內勞工組織所做的努力。

另一方面，也有人認為售價的保證，並不能激勵農人追求品質。人們認為，農人可以將高品質咖啡豆在公開市場取得更好的售價，同時讓公平交易確保其他較低品質咖啡豆有最低售價。相反地，部分農人則會以額外獲得的金錢反過來投資自家農田，讓所有產品都逐漸成為高品質咖啡豆。

雖然以廣泛解決道德問題的方法而言，日常咖啡消費者沒有很多可行解方可以選擇，而且，公平交易無疑會對農人個體產生巨大的影響。然而，公平交易咖啡的需求不足。符合公平交易條件的咖啡豆，只有大約 20%以公平交易的方式出售，剩下的最終僅是在一般市場以較低的價格售出。

另一個常見的替代方式，就是直接交易模式，藉此縮短供應鏈，並提高透明性。直接交易模式常用於精品咖啡界，但這真的是一個好解方嗎？許多精品咖啡專家、貿易公司甚至是烘豆商，都試著透過發起農地與教育進修，協助咖啡農人跨過品質門檻。但是，直接交易依舊帶來了一系列問題，由於咖啡豆貿易的政治化——直接交易成為咖啡市場中追求高品質且符合道德標準的行銷口號，而我們也沒有任何可以檢驗咖啡交易符合任何標準模式的獨立單位。許多咖啡生產公司則會在自家網站，公布其生產的道德標準。

如各位所見，我們沒有任何完美的解方。我們只能盡力成為一名具經驗與知識的消費者：研究咖啡豆與烘豆商，並試著找到覺得不錯的選項。

你需要準備什麼？

量杯與量匙

請注意，世界各地的標準皆不同——本書咖啡飲品配方使用的是美規，但採取其他國家的規格也不會造成太大的差異。

電子秤

請試著取得具公制單位的電子秤，且精度達 0.1 公克。

咖啡豆

準備來自你偏愛產地與烘焙程度的優良品質完整咖啡豆。部分咖啡飲品配方需要精品咖啡烘焙程度的豆子，才能做出最接近傳統風味的咖啡飲品。

磨豆機

建議使用高品質磨盤式磨豆機（請見第 14 頁「咖啡豆研磨」）。

沖煮器具

如果找不到或不想購買不同飲品配方要求的特定器具，可以選擇平日常用的沖煮器具。不過，請確定沖煮出的咖啡強度與飲品配方要求的一致。例如，法式濾壓壺與濾沖咖啡器具可以交替使用，但義式濃縮咖啡或膠囊咖啡就必須經過稀釋，以達到相等強度（請見第 16 頁「沖煮咖啡」）。

細篩

許多咖啡飲品會以平底深鍋或大鍋沖煮，此時就必須過濾。也可以使用起司濾布（cheesecloth）或咖啡濾紙代替。

細頸手沖壺

許多咖啡飲品都必須以緩慢且穩定的流速注入熱水。咖啡師就是利用細頸手沖壺以精確控制水流。

關於咖啡的詞源學就可以寫出一整本書，但通常會一路追溯至土耳其語的 kahve 或阿拉伯語的 qahwa（一般認為是代指葡萄酒的古語）。十六世紀，隨著旅人與商人在各地遇到這種迷人的飲品，關於咖啡的歷史文獻開始於歐洲全境流通。他們嘗試以拼音稱呼咖啡的異國名稱，隨著他們向世界其他地方介紹此飲品時，咖啡的名稱又再經過不斷地修改——但從未離咖啡的根源太遠。

ቡና Buna
安哈拉語
（Amharic）

Cà phê
越南語

Café
西班牙語
法語
葡萄牙語

Caffè
義大利語

Cafea
羅馬尼亞語

Caife
愛爾蘭語

Coffi
威爾斯語

Gáffe
北薩米語
（Northern Sámi）

Ikhofi
祖魯語（Zulu）

ກາເຟ Ka fe
寮語

Kaapi
印度語

กาแฟ Kāfæ
泰語

Kafe
海地克里奧爾語
（Haitian Creole）

Kafeega
索馬利語
（Somali）

Kafè
馬爾他語
（Maltese）

קפה Kafeh
希伯來語
（Hebrew）

Kafea
巴斯克語
（Basque）

Καφές Kafés
希臘語

Kaffe
瑞典語
挪威語
丹麥語

Kaffee
德語

咖啡 Kāfēi
華語

Kaffi
冰島語

Kahawa
斯瓦希里語
（Swahili）

Kahve
土耳其語

កាហ្វេ Kahve
柬埔寨語

Kahvia
芬蘭語

Kape
菲律賓語

काफी Kaphī
尼泊爾語

ਕਾਫੀ Kāphī
旁遮普語
（Punjabi）

காப்பி Kāppi
坦米爾語
（Tamil）

Kas fes
苗語（Hmong）

Káva
斯洛伐克語

Kava
克羅埃西亞語

קאַווע Kave
意第緒語
（Yiddish）

Kavos
立陶宛語

Kawa
波蘭語

Kawhe
毛利語（Māori）

ᎧᏫ Kawi
徹羅基語
（Cherokee）

ကော်ဖီ Kawhpe
緬甸語

커피 Keopi
韓語

Коφе
俄式蒙古語
（Russian Mongo-lian）

Kofe
薩摩亞烏茲別克語（Samoan Uzbek）

कॉफ़ी Kofee
印地語（Hindi）

Koffie
南非荷蘭語
（Dutch Afri-kaans）

コーヒー Kōhī
日語

Kohvi
愛沙尼亞語

Kope
夏威夷語
（Hawaiian）

કૉફી Kōphī
古吉拉特語
（Gujarati）

Kopi
印尼馬來語
（Malay Indonesian）

قهوة Qahwa
阿拉伯語

Qehwe
庫德語（Kurdish）

改變世界的作物

咖啡的旅程從東非展開，咖啡在當地原本是一種食物，而咖啡身為一種飲品的起點則是阿拉伯半島。

咖啡在橫跨數大洲與數世紀的時空裡，始終讓人類癡迷醉心，也難怪想要在咖啡傳說中萃取出真實會是如此困難，因為這是經過如此浪漫化的事物。

關於人類與咖啡首次相遇的時間與地點有許多不同的傳說。近年來，最常見的咖啡起源傳說是年輕衣索比亞牧羊人加爾帝（Khaldi）的故事，他發現他的山羊在咀嚼一種不尋常的植物之後充滿了精力。他自己也試了試，在同樣感覺活力充沛之後，就把這奇異的植物帶回居住的修道院，然而院裡並不贊同，並將植物丟進火裡。經過烘烤的咖啡很快便散發出我們熟知且喜愛的迷人香氣，接下來，就是眾所皆知的歷史了。

這則起源故事也有許多版本——有的起源地在葉門，有的在衣索比亞，有些是牧羊人，有些則是蘇菲神祕教派（Sufi mystics）或苦行者（dervishes）。可以確定的是，故事中的咖啡為如今最重要的兩個咖啡物種之一，阿拉比卡與羅布斯塔，源於衣索比亞與南蘇丹的森林中。咖啡在此區域最初應該是作為食物：研磨之後與油脂滾成球、果肉以奶油熬煮，或是將嫩枝與樹葉浸泡在牛奶或茶裡。

雖然全球各地的咖啡種植主要是由歐洲殖民者與傳教士傳播，但咖啡飲品的根源為伊斯蘭。早期阿拉伯旅人會帶著烘焙完成的咖啡豆上路，當作旅途飲品或交易商品。部分已知最早且普遍認同的咖啡飲用紀錄，源自十五世紀的蘇菲神祕教派。不過，也有研究紀錄指出土耳其、埃及與波斯也有裝盛咖啡的陶器出土，年代為 1350 年；近期於阿拉伯聯合大公國的考古遺址，更挖掘出一顆經過烘焙的咖啡豆，年代應為十二世紀。

不論人類咖啡飲用的確切時間為何，咖啡與咖啡館都很快地遍及整個阿拉伯世界。自此，全球航行探索、殖民主義與貿易將強大的咖啡帶進了無數文化，而咖啡永久轉變了（無論好壞）許多社會、生態系統、文化與物理層面的景觀，以及無數生命。

咖啡果實簇生於灌木與小樹上，自芬芳的白花孕生，果實逐漸由橙色熟成至深紅，此時已然可以採收。

[1] 原產地為衣索比亞與
南蘇丹,遠古時代遍
及非洲全境

[2] 到了 1400 年代
衣索比亞→葉門

[3] 1500 年代早期
葉門→斯里蘭卡
由阿拉伯人與 1600
年代中期的荷蘭人

[4] 到了 1600 年代
葉門→印度
由印度蘇菲聖者巴巴
布丹(Baba Budan)
與 1600 年代晚期的
荷蘭人

[5] 1600 年代早期
葉門→荷蘭
由荷蘭人

[6] 1600 年代晚期
葉門→印度→爪哇
(印尼)由荷蘭人

[7] 1700 年代早期
爪哇(印尼)→荷蘭
由荷蘭人

[8] 1700 年代早期
荷蘭→法國
由荷蘭人

[9] 1700 年代早期
葉門→留尼旺島
由法國人

[10] 1700 年代早期
法國→加勒比,即馬
丁尼克島(Martinique)
與伊斯巴紐拉島
(Hispaniola),今海
地與多明尼加共和國
由法國人

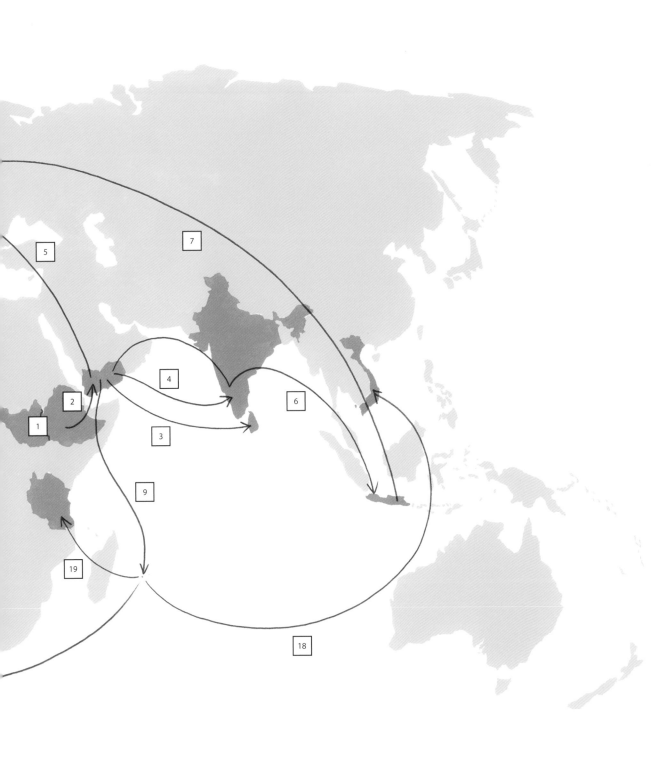

[11] 1700 年代早期荷蘭
　　→蘇利南（Suriname）
　　由荷蘭人
　　→法屬圭亞那（French
　　Guiana）

[12] 1700 年代早期
　　法屬圭亞那→巴西
　　由葡萄牙人與 1800
　　年代中期從留尼旺島
　　（波旁島）

[13] 1700 年代中期
　　馬丁尼克→牙買加
　　由英國人

[14] 1700 年代中期
　　聖多明尼哥（Santo
　　Domingo），今多明
　　尼加共和國→古巴
　　由西班牙人

[15] 1700 年代中期
　　加勒比（古巴或安地
　　列斯〔Antilles〕）
　　→瓜地馬拉
　　由西班牙人

[16] 1700 年代晚期
　　加勒比（古巴）→
　　墨西哥
　　由西班牙人

[17] 1800 年代早期
　　巴西→夏威夷
　　由歐胡酋長（Chief of
　　O'ahu）

[18] 1800 年代中期
　　留尼旺島→越南
　　由法國人

[19] 1800 年代晚期
　　留尼旺島→坦尚尼亞
　　由法國人，栽種阿拉
　　比卡

25

改變世界的
咖啡——義式
濃縮咖啡之鄉

1906 年的米蘭，帕摩尼（Pavoni）與貝瑟拉（Bezzera）這對事業夥伴在一場大會發表了他們的加壓咖啡機，世界第一杯義式濃縮咖啡自此誕生。這就是所有現代義式濃縮咖啡機的先驅。

　　義大利是義式濃縮咖啡機之鄉，而小小一杯義式濃縮咖啡卻影響了全世界。Un caffè（義式濃縮咖啡）是由義式濃縮咖啡機濃縮萃取出的咖啡，也是數以百計各式咖啡飲品的基底。數百年來，義大利全國的咖啡浪漫風潮從未消減：今日，義大利全境約有十五萬間製作著義式濃縮咖啡的咖啡館，許多研究調查也表示約有 90% 的義大利成人，至少每二十四小時都會喝點咖啡。

　　到了十六世紀晚期，關於咖啡的消息已經蔓延至鄂圖曼帝國（Ottoman Empire）之外，好幾位醫師、植物學家與旅人都描述了各自在土耳其與埃及遇上這種飲料的情形。雖然咖啡首度抵達歐洲的確切時間並非完全明朗，但一般認為咖啡登上歐洲時，最先遇到的是威尼斯人，因為威尼斯鄰近土耳其並與其擁有貿易連結（希臘與其他現今部分歐洲國家當時都屬於鄂圖曼帝國）。1592 年，關於咖啡的植物學介紹，出現在一本義大利出版的書籍上，當時坊間普遍流傳（雖然真實性可疑）教宗克勉八世（Pope Clement VIII, 1536-1605）賜福這種伊斯蘭飲品，並允許基督徒享用，咖啡因此得以在義大利流通。

　　姑且不論這則故事的真實性，咖啡在義大利流行起來的速度頗為迅速，1600 年代中期的威尼斯就開了第一間 caffetteria（咖啡館）。土耳其與阿拉伯半島的咖啡館逐漸由西方世界接納與調整。這些歡鬧、社會化且自由化的場所一個接一個地迅速擴散至其他歐洲國家。今日的義大利，義式濃縮咖啡通常會是在 al banco（吧檯）飲盡，有時會搭配一道甜點，這樣的儀式一天可以重複好幾次。

　　1819 年，一名法國錫匠發明了一種可以翻轉的滴濾咖啡壺，稱為 la cuccuma（顛倒壺）。許多比較不富裕而無法經常光顧咖啡館的人，因此能在家裡沖煮並享受一杯好咖啡。雖然這種顛倒咖啡壺在拿坡里當地稱為 la cuccuma，但這類設計風格的咖啡沖煮壺在出了拿坡里之後，就被稱為 la caffettiera napoletana（拿坡里顛倒壺）。直到 1933 年 moka（摩卡壺）誕生之前，顛倒壺在義大利全國都相當流行。

　　摩卡壺利用壓力推送熱水穿過咖啡粉，成為製作咖啡更快速且更容易的爐式咖啡壺，也因此很快成為義大利最受歡迎的家用咖啡沖煮法。從多明尼加共和國到澳洲都可以見到摩卡壺的蹤影，也在各地擁有許多名稱：caffettiera、greca、cafetera、macchinetta 或 la cafetera italiana。由於摩卡壺利用壓力沖煮咖啡，所以常常被稱為爐式義式濃縮咖啡壺——但因為摩卡壺產生的壓力小於義式濃縮咖啡機，所以 caffè della moka（摩卡咖啡）並不會被視為真正的義式濃縮咖啡。

　　義式濃縮咖啡機是為了便利而誕生的發明。在義式濃縮咖啡機現身之前，咖啡沖煮需要花費 5 分鐘的時間。隨著咖啡館的數量在歐洲不斷上升，發明家們也看到了創造商業咖啡機的

機會，幫助咖啡館提升製作咖啡的速度。十九世紀為蒸汽時代，利用蒸汽壓沖煮咖啡也成為十分合理的發展。

義式濃縮咖啡機便成為蒸汽時代的產物；在大約同一個時期，類似技術的專利與發明於歐洲全境紛紛出現。生產義式濃縮咖啡機的第一步通常就是歸功於來自義大利皮蒙（Piedmont）的安傑洛・莫里翁多（Angelo Moriondo），他在 1800 年代晚期註冊了蒸汽咖啡機的專利，雖然他的咖啡機後來似乎沒有進行商業生產。

許多義大利的義式濃縮咖啡都是採用配方豆，雖然大部分是阿拉比卡，但仍有搭配一部分的羅布斯塔以生成優質克麗瑪——道地義式濃縮咖啡的要素。

接著在 1901 年，路易吉・貝瑟拉（Luigi Bezzera）為他設計的咖啡機申請專利。貝瑟拉與事業夥伴德西德里歐・帕摩尼（Desiderio Pavoni）一同生產且升級咖啡機，並在 1906 年的世界級大會——米蘭國際博覽會（Milan International），向全球介紹現代義式濃縮咖啡機。這是當時第一臺能夠沖煮單杯咖啡的機器，而且據他們所稱只需 45 秒鐘。

科技不斷地精進，而製造商與發明家也持續創造發明，直到阿希爾・佳吉亞（Achille Gaggia）在 1946 年開發並製作出一種實用的方法。他的咖啡機原本是手動加壓，並且是第一臺能做出克麗瑪（crema，一層漂浮在優質義式濃縮咖啡頂部的芬芳泡沫）的機器。最終，這臺咖啡機逐漸發展為我們今日熟知的現代電動義式濃縮咖啡機。許多義大利的義式濃縮咖啡都是採用配方豆，雖然大部分是阿拉比卡，但仍有搭配部分的羅布斯塔以生成優質克麗瑪——道地義式濃縮咖啡的要素。

不久後，這類義式咖啡機就開始向世界各地出口，將義式濃縮咖啡為基底的飲品，從倫敦至北京，送至各角落的無數客人手中。二戰之後的大批義大利移民潮也促進了義式咖啡文化的傳播：義大利人前腳一踏入，義式濃縮咖啡機往往隨後跟著進口。這些國家許多都早已擁有數百年飲用咖啡的歷史，但當地咖啡往往與義大利人的手動義式濃縮咖啡相去甚遠。

1950 與 1960 年代開始成為義式濃縮咖啡紀元，從英國一路至澳洲。這些義大利人在受到當地稱為咖啡的東西驚嚇之後，開始準備把咖啡機、咖啡豆與咖啡風格一一引進，建立起家鄉引以為傲的親切街坊咖啡館。在倫敦，義大利人建立了充滿生氣的咖啡館，幫助轟炸摧殘後的蘇活區（Soho）復甦。

義大利境內各處的咖啡文化也各不相同：在杜林，有巧克力與咖啡完美融合的彼切令，這是一杯裝在短玻璃杯中，由一層層熱巧克力、咖啡與打發鮮奶油或牛奶結合的飲品。

雖然許多義大利境外的義式濃縮咖啡基底飲品都有著義大利名字，但這類咖啡往往與在義大利喝到的不盡相同。例如，義大利當地的 latte（拿鐵）指的是一杯單純的牛奶。所以，除非你真的想要一杯牛奶，不然應該要點 caffè latte（咖啡拿鐵，也就是咖啡加牛奶）。piccolo latte（短笛拿鐵，即小杯拿鐵，精華萃取義式濃縮咖啡頂上添加少量蒸奶）就是擁有義大利名稱的咖啡飲品，但是原創地其實應該是澳洲。在義大利能點到的咖啡飲品，則包括 caffè macchiato（瑪奇朵），這是一杯義式濃縮咖啡放上一小團奶泡。如果想要奶味厚重的咖啡飲品可以選擇 cappuccino（卡布奇諾），傳統做法是三分之一的義式濃縮咖啡、三分之

一的蒸奶與三分之一的奶泡（而且請別在午後點它，因為卡布奇諾在當地視為早餐品項）。caffè con panna（康寶藍）則是在義式濃縮咖啡放上一團鮮奶油，而 caffè corretto（柯瑞特咖啡，意為改良咖啡）為單份義式濃縮咖啡，搭配少許渣釀葡萄酒（grappa）、杉布哈茴香酒（sambuca）或白蘭地。

義大利人前腳一踏入，義式濃縮咖啡機往往隨後跟著進口。這些國家許多都早已擁有數百年飲用咖啡的歷史，但當地咖啡往往與義大利人的手動義式濃縮咖啡相去甚遠。

單份義式濃縮咖啡可以沖煮成 ristretto（精華萃取）、normale（普通萃取）或 lungo（長萃取），差別在於以比較多或比較少的水量萃取等量的咖啡粉。雖說是等量咖啡豆，但研磨顆粒大小會不一樣，以控制流速的方式確保咖啡的萃取狀態不會過度或不足。affogato al caffè（阿芙佳朵，意為淹沒於咖啡中）是一種義大利餐廳的重點甜點，深受全球喜愛，做法是將單份義式濃縮咖啡淋在甜美的香草冰淇淋或 fior di latte（義式牛奶，譯註：意為牛奶之花，形容優質香甜的牛奶）冰淇淋。

義大利境內各處的咖啡文化也各不相同：在杜林（Turin），有巧克力與咖啡完美融合的 bicerin（彼切令），這是一杯裝在短玻璃杯中，由一層層熱巧克力、咖啡與打發鮮奶油或牛奶結合的飲品。而 caffè marocchino（瑪羅奇諾）則是誕生自另一座皮蒙小鎮亞歷山大（Alessandria），做法是先在義式濃縮咖啡上方撒入一層可可粉，接著再放上一層奶泡。另外，皮蒙地區添加巧克力的咖啡飲品中，有時會以 gianduja（占杜亞）取代巧克力，這是一種原創地為杜林的甜點，以巧克力與榛果製作

而成。

近來，義大利咖啡館也有數十種新飲品加入，例如 caffè al ginseng（人參咖啡），這是一種咖啡與人參混調的飲品，在亞洲紅極一時，如今這股風潮也吹到了義大利。另外還有 caffè shakerato（咖啡冰沙），也就是義式濃縮咖啡、冰塊與糖漿一起打成冰沙，並以馬丁尼杯裝盛。

義大利咖啡文化已然超越咖啡豆、設備與品飲空間。咖啡的傳統與文化在義大利這片土地不斷深化並開散出許多模樣。在許多義大利咖啡吧，要先找到收銀檯，付了飲料費用之後，就可以揮舞手中的收據，在眾多客人之間吸引咖啡師注意到你要點杯咖啡。

義大利的 caffè sospeso（待用咖啡）是一種源於 1800 年代晚期拿坡里的慈善傳統：顧客會以兩杯咖啡的價錢點一杯咖啡，讓另一杯成為匿名分享，當下一位客人詢問是否有待用咖啡時，就會得到一杯免費的咖啡。

從威尼斯的花神咖啡館（Caffè Florian）到佛羅倫斯的吉利咖啡館（Caffè Gilli），以及拿坡里的甘布里努斯咖啡館（Gran Caffè Gambrinus，次頁與前頁），許多歷史悠久且裝潢精緻的義大利咖啡館持續發揚其長久屹立的咖啡傳統。

Caffè Espresso

義式濃縮咖啡

在進入二十世紀之際於義大利發明，自此，義式濃縮咖啡機大大影響了全世界的咖啡文化。在義大利，義式濃縮咖啡依舊占據霸主地位：當地咖啡豆約有 93％都製成了義式濃縮咖啡。這杯濃縮、風味滿溢且香氣奔放的咖啡，是以義式濃縮咖啡機將熱水以高壓穿過咖啡細粉製成。

水

咖啡豆 7 公克
研磨尺寸：細

你也需要：
義式濃縮咖啡機、電子秤、
計時器

以濾杯手把卸下的狀態，讓水在咖啡機內流通，沖刷出任何咖啡機內的舊咖啡粉。在濾杯手把裝入一個 7 公克的單份濾杯。

用電子秤測量咖啡粉重量，並倒入濾杯。

整平濾杯中的咖啡粉層。由於水會順著阻力最小的路線流動，所以一旦咖啡粉分布不均，水流分布也會不均，進而影響風味呈現。

將濾杯手把放在吧檯上，以手掌握著填壓器的頂部。將拇指與食指放在填壓器基座的兩側，然後將填壓器放入濾杯手把中。以拇指與食指沿著濾杯與填壓器邊緣觸摸，確認填壓器的擺放是否筆直與水平。接著，用力下壓填壓器。然後將濾杯手把扣回義式濃縮咖啡機並拉緊。在咖啡出流口下方放上一臺電子秤，並將咖啡杯置於電子秤上，然後按下歸零。開始萃取，並按下計時器。

咖啡萃取的過程中，請持續觀察重量與時間的變化。標準義式沖煮比例為 1：3，也就是 7 公克咖啡粉應萃取出重量大約 21 公克的咖啡。至於如果使用的是淺至中焙的咖啡豆，或第三波的萃取風格，可以嘗試使用 18 公克的咖啡豆製作雙份義式濃縮咖啡（換上雙份濾杯），萃取出的咖啡重量應大約為 36 公克。兩種風格的萃取時間都應該落在 20 ～ 35 秒鐘。

咖啡粉研磨尺寸的正確十分重要。而正確的流速也能讓咖啡免於過度萃取或萃取不足。如果萃取時間範圍內流出的咖啡量太多，就將咖啡粉研磨得細一些，如此能減緩萃取速率。如果咖啡量太少，就必須將研磨尺寸調粗一些，以加快萃取速率。

如果沖煮環境濕度多變（例如廚房或時常開窗），也許會發現研磨尺寸有時行得通，有時行不通。這是因為咖啡粉具吸濕特性，會吸收空氣中的濕氣。因此，當天氣比較潮濕時，咖啡粉就會膨脹，濾杯中的咖啡粉餅也就會變得比較緊密——萃取速率進而變得較緩慢。在大多數的專業咖啡沖煮環境中，咖啡師會依據環境狀態與流速，在一天之中不斷調整研磨尺寸。

在家中沖煮時，若是在萃取過程經常使用電子秤與計時器，會很快了解一杯完美萃取的義式濃縮咖啡會有何種模樣且嘗起來如何。也將能開始依據環境、咖啡豆類型或甚至是口味偏好，調整研磨尺寸。

注意事項：

咖啡沖煮極度取決於個人偏好，但值得注意的是，深焙咖啡豆在較短沖煮時間更能發揮潛力（烘焙時間越長，咖啡豆的密度會變得更低、更容易溶解），而淺焙咖啡豆則需要較長沖煮時間。任何烘焙程度都適用於義式濃縮咖啡——義大利偏好較深焙的咖啡豆，而美國傾向於遠遠更淺的焙度。在義大利，傳統義式沖煮比例 1：3 被視為普通（normale）義式濃縮咖啡。然而，如果偏愛許多精品咖啡館提供的淺焙咖啡或義式濃縮咖啡，建議可以採用 1：1.5 ～ 1：2 的沖煮比例。更多資訊請見第 17 頁「義式濃縮咖啡沖煮比例之爭」。

Caffè con la moka

摩卡壺咖啡

價格實惠的爐式義式濃縮咖啡壺，也稱為摩卡壺、moka pot、macchinetta、greca 或 cafetera，是一種在家沖煮出貼近義式濃縮咖啡的簡單方法。在義大利、西班牙、法國與拉丁美洲，摩卡壺都是一種十分常見的咖啡沖煮法。

水

咖啡粉
研磨尺寸：中細

你也需要：
摩卡壺

拆開你的摩卡壺。在底座倒入水至蒸汽閥下方。

放入濾杯，請確認在濾杯位置擺放恰當時，水位依舊不會蓋過蒸汽閥出口。咖啡粉的粒徑應該研磨得比滴濾咖啡粉更細，並且比義式濃縮咖啡粉稍微粗一些。在濾杯中裝滿咖啡粉——請勿填壓。輕敲濾杯，使咖啡粉層表面平坦。

在不會按壓咖啡粉的狀態下，用手指沿著濾杯杯緣抹一圈，除去所有散落在外的咖啡粉（如此可以確保之後的扣合能緊密），接著用力旋緊摩卡壺的上壺。

將摩卡壺放在爐上，開至中火。如果用的是瓦斯爐，火焰應該能涵蓋整個底座，但不會加熱把手。

幾分鐘過後，就會聽到摩卡壺發出咕嚕聲。咕嚕聲第一次出現大約15秒鐘過後，讓摩卡壺離火。摩卡壺應該會持續過濾，直到上壺裝滿咖啡。

注意事項：
可以購買雙杯、四杯、六杯或更多杯容量的摩卡壺。每個製造商都會有不同的建議水量與咖啡粉量。如果需要進一步的指南，請閱讀你的摩卡壺使用手冊。請注意，摩卡壺會長得非常像爐式濾沖咖啡壺，但兩者的沖煮方式非常、非常不同。以摩卡壺沖煮時，沖煮水會在加壓狀態之下，被強行推送穿過咖啡粉，最終進入上壺。而爐式濾沖咖啡壺，則是持續讓水流經咖啡粉，直到移走熱源。

Bicerin

熱巧克力與鮮奶油的義式濃縮咖啡

1 人份

根據義大利杜林源自十八世紀的當地傳說，某間在地咖啡館的獨家飲品 bavareisa（巴瓦雷莎），就是一種用巧克力、咖啡與牛奶做成的飲品，在當地紅極一時。bicerin（彼切令）的意思就是小玻璃杯，這種分層甜美飲品通常會在午前享用，如今在皮蒙全境都很流行。

高脂鮮奶油 ¼ 杯

糖粉 1 小匙

牛奶 ¼ 杯

深巧克力 40 公克（1½ 盎司），切塊

雙份義式濃縮咖啡 1 杯，或 60 毫升（2 液體盎司）濃黑咖啡

可可粉，撒在頂部

將鮮奶油與糖粉一起在盆中混合打發，直到硬性發泡（stiff peaks）。

以小平底深鍋加熱牛奶，當牛奶溫熱時放入切塊的巧克力。持續攪拌直到牛奶燙熱且巧克力融化，但請勿煮滾。保持以小火慢煮並持續攪拌，直到混合物變得更濃稠一點點。

把熱巧克力牛奶倒入準備上桌的玻璃杯中，然後輕輕地把義式濃縮咖啡順著湯匙背面倒在頂部，以保持飲品的分層。以湯匙舀挖鮮奶油輕輕放在最上層，最後撒落些許可可粉。

注意事項：

此飲品有許多不同的地區版本。在 gianduja（榛果巧克力，一種濃郁巧克力與榛果的甜點）的家鄉皮蒙，有時就會在彼切令裡混入一些這類巧克力。其他地區的彼切令似乎有些失寵，取而代之的是 caffè marocchino（瑪羅奇諾），這是一種類似彼切令的飲品，但會在義式濃縮咖啡上多添加一層可可粉，然後再加上一層奶泡。

衣索比亞的咖啡
文化與儀式

在過去千年中，衣索比亞地區的祖先奧羅莫人（Oromo）已經會將咖啡果實磨碎並與油脂混合，然後搓成大球，有時在長途旅行中僅依靠此糧食維生。

　　雖然無法得知發現咖啡的確切時間，但我們的確知道兩種最重要的咖啡物種，阿拉比卡與羅布斯塔，最初產地是在衣索比亞與南蘇丹的森林。衣索比亞的咖啡原生品種約有六千至一萬五千個，許多為野生品種，並且尚未被人類發現。

　　數世紀之間，咖啡會在社交場合或聚會（例如言和會議）上場，咖啡飲用的儀式也是種族與社群之間維護關係的重要關鍵。《衣索比亞：歷史、文化與挑戰》（Ethiopia: History, Culture and Challenges）的撰稿人之一，也是人類學家——艾羅・費凱（Éloi Ficquet），曾寫到奧羅莫人（目前大約占衣索比亞人口的三分之一）保有豐富的口述傳統與符號，支持跨越了數百年的咖啡文化。奧羅莫人認為，第一株咖啡樹是由神靈瓦卡（Waaqa）的眼淚長出。咖啡樹曾用在敬拜神靈瓦卡的儀式中，而且至今依舊。其他種族也都有各自關於咖啡起源的口述傳統，數量龐大，無法在此詳述——但可以說，咖啡製作藝術是衣索比亞文化的核心。

　　學者相信奧羅莫人的祖先與鄰近的社群，例如哈迪雅（Hadiya）、道洛（Dawro）或卡法（Kafa），可能就是史上第一批將咖啡當作食物的人類。雖然當地口述歷史的時間比大多

數文字紀錄更早，但咖啡食用方式的詳細觀察主要由歐洲旅人在大約十七與十八世紀記錄下來。蘇格蘭旅行作家詹姆斯・布魯斯（James Bruce）曾描述了 1768 至 1773 年前往衣索比亞的旅程，收錄於他的著作《尼羅河溯源之旅》（*Travels to Discover the Source of the Nile*）。他觀察到「流浪民族」奧羅莫人會將咖啡果實搗碎並與油脂混合，然後搓成撞球般大小的圓球，裝進皮製袋囊，長途旅行會僅以這些圓球當作能量攝取來源。

　　費凱也記錄了衣索比亞各處許多當地傳統飲品配方：「磨碎咖啡果實（熟果或經過烘烤）與奶油混合的甜點；以牛奶浸泡咖啡樹的樹葉、樹皮或嫩枝；以奶油熬煮完整的咖啡果實」。傳統醫藥中，也常見各式各樣的咖啡入藥製備。咖啡果實與果皮或咖啡豆本身，還會做成發酵酒。鍋煎或曬乾的咖啡葉，也可以拿來做成稱為 kuti（庫堤）的茶。不過，衣索比亞文化中，咖啡最重要的面向或許依舊是咖啡儀式。

　　在衣索比亞與厄利垂亞（Eritrea）全境所有類型的家庭中，咖啡儀式是超過八十個種族之間民族認同的關鍵元素。「咖啡是麵包」（Buna dabo naw）這句常見諺語，可謂完美呈現了咖啡在衣索比亞人生活所扮演的重要角色。

　　雖然不同地區的儀式都有些許差異，但ቡና（buna，咖啡）一定會每日飲用，並遵照儀式準備。地板鋪上草或草桿，偶爾會再裝飾一些鮮花。從燃燒乳香（frankincense）與火紅木炭冉冉升起的煙霧，宛如眼鏡蛇的幽靈舞動。某些人在開始燃燒乳香之前，絕不飲用咖啡，因為據說乳香能消除負面能量。

　　燙紅的木炭上會放一個金屬烤盤，此時烘烤的咖啡豆增添了更多帶著芬芳的煙霧。咖啡

的製作總是由一位女性把控——這是一個講求訓練有素的日常例行。

在所有類型的家庭中，咖啡儀式是超過八十個種族之間民族認同的關鍵元素。

咖啡豆開始爆開、破裂，並轉變為深褐色，通常會烘焙到第二爆。傳統上，咖啡的烘焙程度會很深，但會與糖及各種香料一起沖煮，以平衡咖啡的濃烈強度。糖是相對晚近才加入咖啡儀式，因為糖在 1970 年代之前的衣索比亞還是稀有商品。在此之前，會是添加鹽，某些地區至今依舊如此。

一旦烘焙完成，純阿拉比卡咖啡豆就會還在滾燙的狀態之下，研磨成粗顆粒。他們會使用 መቀጥ（muk'echa，研砵）與 ዘነዘና（zenezena，杵）敲擊咖啡豆。接著，在陶製的 ጀበና（jebena，細頸沖煮壺）裝滿水並煮沸，然後緩慢地倒入咖啡粉。當咖啡煮滾並沸騰至細頸沖煮壺的頂部時，女主人會熟練地倒出一點點咖啡到一個小罐，隨後再倒回沖煮壺中，以調節溫度。女主人會憑藉經驗與傳統，知道咖啡何時煮好了——以顏色與香氣判斷。

傳統濾網是用馬尾與其他類似材質團成球狀，女主人會將其塞進沖煮壺的頸中。有時，也會替換成一束番紅花，以增添花香。沖煮之前，可能也會添加不同的香料，例如小豆蔻、丁香、肉桂或新鮮的薑。有時還會附上 ጤና አዳም（Tena'Adam，芸香，多年生植物，入藥歷史已有數世紀）的嫩枝，用於攪拌。萃取自芸香的精油帶有如同無花果或柑橘類的香氣。在某些區域，還會在咖啡加一點 ንጥር ቅቤ（niter qibe，添加香料的澄清奶油）。

咖啡沖煮完成之後，會以大約 30 公分（約1 呎）的高度倒入 ስኒ（sïni，附有手把的小型咖啡杯，尺寸約等同於義式濃縮咖啡杯）。咖啡杯會放在 ረከቦት（rekebot，矮桌），此桌被視為儀式的祭壇。咖啡會先端給群體中最年長之人或最尊貴的客人。接著，沖煮壺會再度裝滿水，並放回火上。第一輪沖煮的咖啡稱為 አቦል（abol，有第一之意）；第二輪稱為 ቶና（tona，第二）；第三輪則叫做 በረካ（baraka，意為祝福）。這些字根為阿拉伯文的名詞，代表著衣索比亞與葉門的咖啡文化擁有緊密悠久的連結。

另一個衣索比亞喝咖啡的必備部分，就是搭配咖啡的點心：ቆሎ（kolo，烤穀物，例如大麥）、ዳቦ（dabo，香料蜂蜜小麥麵包）、እንጀራ（injera，一種發酵薄餅，以衣索比亞與厄利垂亞地區普遍常見的苔麩粉〔teff flour〕製作），或是爆米香（例如高粱爆米香，這種富有大地與堅果風味的穀物在非洲耕作的歷史已經超過四千年）。在衣索比亞，邀請某人喝咖啡是一種展現尊敬或友誼的舉動，會在一天的任何時間，以邀請喝咖啡的方式向任何客人表示歡迎。

至今，喝咖啡依舊是衣索比亞人熱情好客的正字標記。喝咖啡是一種重要的社交儀式，是一段與鄰居、朋友及親人分享的時光，而並非獨自享用。

ቡና Buna

咖啡

衣索比亞的咖啡（buna）是一種細節繁瑣的儀式，會使用許多特殊的沖煮器具。這也是一種日常老規矩，主人親手將咖啡豆在火焰上烘烤的同時，一邊往往也會燃燒乳香。接著，咖啡會以衣索比亞細頸陶壺（jebena）沖煮，咖啡倒出後會添加糖，而咖啡陶壺則再度放回火上，準備第二輪的沖煮。

咖啡生豆 ¼ 杯

水 1 杯

自行選擇：
衣索比亞黑豆蔻（korarima）或印度黑豆蔻 2 莢、丁香 2～3 粒、肉桂棒 1 根、番紅花 1 小撮、薑粉 1 小匙、芸香（rue）葉或嫩枝 1 個

糖（視口味偏好）

爆米香（隨杯附上）

你也需要：
小炒鍋或小平底鍋、天然材質織毯、衣索比亞陶製細頸沖煮壺（jebena）、咖啡杯（sïni）或小咖啡杯

洗淨咖啡生豆，並拍乾，將任何外觀有瑕疵的生豆挑掉。

將咖啡生豆放入小炒鍋或小平底鍋，然後把鍋子放在中火上。持續左右搖動鍋子，以確保咖啡豆皆有受到均勻烘烤。咖啡豆的顏色會慢慢變深，一旦豆子開始冒煙（此時的咖啡豆會大致都呈深褐色或黑色），將鍋子離火，小心地在屋內揮動鍋子，讓所有客人都聞到烘烤咖啡豆的香氣。

謹慎地將咖啡熟豆倒在草蓆，或其他有隔熱效果的天然材質織毯上，折疊合起織毯以防止咖啡豆掉落，接著輕柔地搖動咖啡豆，幫助豆子降溫。

在細頸沖煮壺倒入水。如果想要添加任何辛香料，也在此時放入壺中（除了番紅花）。把沖煮壺放在小火上慢煮，直到快要沸騰。

一旦咖啡豆冷卻到能夠觸碰，便把豆子以磨豆機研磨至中等細度。

把咖啡粉倒回織毯上，接著將織毯折疊成類似漏斗的形狀，把咖啡粉從沖煮壺的細頸倒入。旋轉沖煮壺，讓咖啡粉與水徹底混合。

以小火加熱，讓咖啡慢滾。如果使用的是小型細頸沖煮壺，或水位至少抵達三分之二的細頸壺，此時的咖啡泡沫會升高至沖煮壺的頸部。以離火或將火轉小的方式控制泡沫的高度。可以額外準備一個小壺，視情況將少量咖啡倒入小壺中，以防止咖啡溢出。當咖啡泡沫下降時，將沖煮壺再度放回小火上。此時也可以將小壺裡的咖啡倒回細頸沖煮壺內。

如果水量較少，且／或使用大型細頸沖煮壺，必須小心別讓咖啡持續沸騰太久，因為當細頸沖煮壺的水位低於三分之二，就無法以升起的泡沫判斷何時應該離火降溫。

在咖啡泡沫升起並下降數次之後，將沖煮壺離火。如果打算添加番紅花，可以在此時倒入壺中。靜置沖煮壺數分鐘，讓所有顆粒沉澱。

如果想要添加糖，可以在這時候放入杯中。小心地將咖啡倒入小咖啡杯，並端上桌準備享用。傳統上，同一壺咖啡會在一場聚會中，來回沖煮數輪。第一輪的咖啡會非常強烈，然後在之後數回合之間逐漸轉弱。

一旁可搭配爆米香，或其他穀物的爆米香。

注意事項：

有時，當地也會用芸香為咖啡加味。可以直接在壺中放入幾片芸香葉，或是隨杯附上芸香細枝，用於攪拌添加的糖，同時為咖啡添加香氣。攝取芸香有其風險，因為大量芸香具有毒性。有的人也會添加一小撮鹽，或一點點 niter qibe（添加香料的澄清奶油）。此版本的咖啡必須以細頸沖煮壺製作；成功與否，取決於陶製沖煮壺與其招牌形狀。

Buna qalaa

香料奶油煮咖啡

Buna qalaa 意為「屠宰咖啡」，對奧羅莫人而言，此為極具文化重要性的咖啡餐點，製作方式是以奶油熬煮咖啡果實。雖然這項重要的文化儀式無法在帶有敬意的狀態之下，縮短為簡化版飲品配方，但部分衣索比亞區域的家庭與餐廳，仍舊會用添加咖啡豆的奶油做成點心。這類點心有時也會混合一些大麥、糖、奶油或衣索比亞傳統香料澄清奶油（niter qibe）。

咖啡生豆 1 杯

香料澄清奶油（niter qibe）：
葫蘆巴籽 1 小匙

衣索比亞黑豆蔻粉 ½ 小匙

肉豆蔻（nutmeg）粉 ¼ 小匙

奶油 1 杯

小洋蔥 ½ 顆，切塊

大蒜末 1 大匙

衣索比亞羅勒（besobela）
2 大匙，壓碎

衣索比亞澄清奶油葉（koseret，衣索比亞香草種，親源接近墨西哥奧勒岡葉〔oregano〕）2大匙，壓碎

製作香料澄清奶油：

以小平底深鍋或荷蘭鍋（dutch oven）烘烤葫蘆巴籽、衣索比亞黑豆蔻粉與肉豆蔻粉，直到散發出香氣。接著，加入奶油，當奶油融化之後，再倒入洋蔥與大蒜。以掌心壓碎衣索比亞羅勒及衣索比亞澄清奶油葉，然後撒在奶油上。

小火慢煮至滾，依據選用的奶油而定，可能會看到表面漂浮著白色泡沫。小心地用湯匙舀出這些泡沫並丟棄，請避免不慎丟掉奶油中的香料。也可以選用酥油（ghee）或其他類型的澄清奶油代替，這樣就可以省略此澄清步驟。

持續小火慢煮約 45 分鐘。在此期間，必須確保所有出現在表面的白色泡沫或固體牛奶，都有舀出並丟棄，以避免這類物質被燒焦。請格外謹慎，因為煮滾的奶油非常燙。當奶油迅速沸騰且飛濺時，請將火轉小，直到奶油回到小滾的狀態。

45 分鐘之後，關火，靜置使其稍微冷卻，但切勿放到凝固。

準備一個碗，鋪上起司濾布或細濾網，小心地倒入奶油，篩出所有固體並丟棄。將澄清奶油倒入乾淨的密封罐中。放入冰箱冷藏可保存數週。

製作香料奶油煮咖啡：

洗淨咖啡生豆，並拍乾，將任何外觀有瑕疵的生豆挑掉。

把咖啡生豆放入小平底鍋，然後把鍋子放在中火上。持續左右搖動鍋子，以確保咖啡豆皆有受到均勻烘烤。咖啡豆的顏色會慢慢變深，一旦豆子開始冒煙（此時的咖啡豆會大致呈深褐色或黑色），將鍋子離火。

開小火，一面將 ¼ ～ ½ 杯的香料奶油拌入咖啡熟豆中，一次一湯匙。持續攪拌，每當一湯匙的奶油全被咖啡豆吸收之後，就再倒入一湯匙。當咖啡豆停止吸收奶油時，將鍋子離火，靜置至冷卻。

將香料奶油咖啡豆存放在密封罐內，當做點心享用。剩下的香料澄清奶油可以保存下來，等待製作下一批香料奶油咖啡豆，或是拿來當做各式衣索比亞料理的基底。

注意事項：
此處列出的衣索比亞香草與香料，都是做出正宗道地風味所不可或缺的必要食材，但是，如果真的無法取得，以下為少數幾個可能的替代食材。衣索比亞黑豆蔻是一種當地的大型黑豆蔻。能以印度黑豆蔻取代，雖然兩者的味道十分不同。如果找不到衣索比亞羅勒，也可以換成聖羅勒（tulsi）。衣索比亞澄清奶油葉其實沒有什麼真正適合的替代食材，但在不得已的緊要關頭時，可以試試墨西哥奧勒岡葉。雖然它們的味道差異非常、非常大，但至少兩種植物還在同一屬。此時也可以再添加一小撮檸檬馬鞭草（lemon verbena），以取代衣索比亞澄清奶油葉的檸檬香氣。

從吉力馬札羅山到坦尚尼亞的圓豆

在遠古的非洲大湖區（Great Lakes），哈亞人（Haya）會將咖啡果實與草本植物一起煮滾，接著進行煙燻與乾燥，最後做成 amwani（阿瓦尼）。直到今日，阿瓦尼依舊能當做商品，可用來嚼食，還可作為祭品與聚會點心。

位於東非的坦尚尼亞，涵蓋了吉力馬札羅山（Mount Kilimanjaro，世上海拔最高的獨立山峰）的頂峰，一路再到坦噶尼喀湖（Lake Tanganyika，世上深度第二深的湖泊），地形變化十分劇烈。坦尚尼亞緊鄰赤道南邊，當地的咖啡豆在全球都有高品質的聲譽，尤其是來自吉力馬札羅山周圍，擁有由養分豐沃的火山土壤孕育的咖啡豆。

坦噶尼喀（Tanganyika）與桑吉巴（Zanzibar）在脫離英國統治而獨立後不久，就在 1964 年合併為坦尚尼亞共和國。在此之前，這兩個國家各自擁有差異很大的歷史，尤其是咖啡文化方面。

涵蓋坦尚尼亞主要大陸的坦噶尼喀為東非的一部分，曾被帝國強權劃分為德屬東非。二戰之後，此地區再度被劃分為英國領土，並更名為英屬坦噶尼喀（Tanganyika Territory）。早在德國與英國現身之前，連結非洲大湖區與海岸的陸地貿易路線已遍布全國。今日，超過一百二十個族群都將地理與政治意義層面的坦尚尼亞，稱為家鄉。其中包括哈亞人，以及許多數百年之間，都將咖啡視為文化中心一部分的族群。

坦尚尼亞以優質的咖啡圓豆聞名，尤其在美國更是受到歡迎。圓豆指的是咖啡果實內只長出一顆種子，而非普遍的兩顆。有的人會誤以為圓豆是一種生長於坦尚尼亞的品種、一種變種，又或是坦尚尼亞的圓豆產量比其他地區多很多。但是，任何地區都會出現圓豆，任何收成的圓豆比例也大約都有 5 ～ 10%。

許多關於坦尚尼亞咖啡歷史的簡介，都會強調此地的咖啡是由法國天主教傳教士所引進，甚至包括某些坦尚尼亞的官方描述也是如此。然而，雖然的確是傳教士在 1800 年代中期，將阿拉比卡咖啡豆帶到了巴加莫約（Bagamoyo），隨後又一併來到了吉力馬札羅區域，但人們往往會誤解為這就是坦尚尼亞與咖啡結緣的起點。

坦尚尼亞主要地區的前殖民時期咖啡歷史，也往往因此變得模糊難解。收錄於坦尚尼亞官方紀錄的當地原生種，就至少有十六個野生咖啡物種。根據 A・S・湯瑪士（A. S. Thomas）於 1935 年發表在《東非農業》（*The East African Agricultural Journal*）期刊的論文〈烏干達的羅布斯塔咖啡類型與選用〉（*Types of Robusta coffee and their selection in Uganda*）中，在殖民時期許久之前，坦尚尼亞當地已有發現野生與耕種羅布斯塔咖啡的記載。哈亞人的口述歷史中，也有族人與祖先在遠古時期就已經食用羅布斯塔咖啡的紀錄。

也許，前殖民時期的羅布斯塔咖啡歷史常常被忽略的原因，是由於現今坦尚尼亞的主要出口咖啡為阿拉比卡；又或者是因為許多早期傳統咖啡文化，比較著重於咖啡植物本身。在傳統儀式與日常生活中，新鮮咖啡果實都是不可或缺的一部分。布萊德・維斯（Brad Weiss）

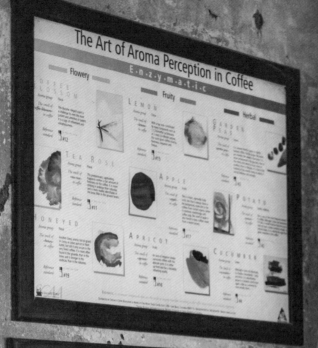

The Art of Aroma Perception in Coffee
E·n·z·y·m·a·t·i·c

Flowery
Fruity
Herbal

The Art of Aroma Perception in Coffee
S·u·g·a·r B·r·o·w·n·i·n·g

Carmelly
Nutty
Chocolaty

在他的著作《神聖的樹，苦澀的收成》（Sacred Trees, Bitter Harvests）中，就寫到 amwani（阿瓦尼，哈亞咖啡）是採用外表仍然青綠的未成熟咖啡果實，與草本植物一起在大鍋熬煮。咖啡果實接著會經過為期數天的煙燻與乾燥。此時的咖啡就可以享用了——不是萃取成一杯飲品，而是直接放入口中咀嚼。許多東非的其他族群也會以類似的方式食用咖啡。

桑吉巴的傳統儀式受到了阿拉伯咖啡文化的影響。咖啡豆會放進陶壺，並以木炭烘烤，壺中還混合了香草、小豆蔻、肉桂、薑與香茅等辛香料。

維斯也詳細描述了咖啡在哈亞族群，曾經且至今依舊扮演的幾種重要角色。在一份僅收錄部分用途的清單中，他指出咖啡在儀式、占卜、貨幣與交易、社交互動與關係建立，以及祈求祭品等方面，都占有重要地位。咖啡種植範圍的擴散同時也受到國王與貴族的掌控，咖啡不得以種子培育，而是只能以受到限制的扦插繁殖。

桑吉巴群島雖然僅占坦尚尼亞領土總面積不到 0.2%，但其咖啡歷史擁有舉足輕重的地位。人類大約從兩萬年前就占領了這些島嶼，但讓我們直接從第一千年的後半葉開啟此處的故事。

已有證據顯示當時的桑吉巴是印度洋貿易的關鍵之一，在漫長歷史中，總是扮演整合東西方貿易的重要角色。雖然桑吉巴群島的天然資源稀少，但此處是與東非斯瓦希里（Swahili）海岸接觸與貿易的據點，這段海岸沿線大約可從北邊索馬利亞（Somalia）的摩加迪休（Mogadishu），一路向南延伸至北啟瓦島（island of Kilwa）。季風帶著香料、服飾、珠子與瓷器的商人，從波斯、阿拉伯與印度送到桑吉巴的避風港，當季風轉向時，商人再度帶著象牙、奴隸、毛皮與香料等等貨物返回。阿曼蘇丹國（Omani Sultanate）對於桑吉巴有巨大的影響，其曾在 1840 年將首都由馬斯開特（Muscat）遷至桑吉巴。而葡萄牙、德國與英國等強權也對桑吉巴與整座東非有極高興趣。1890 年，桑吉巴成為英國的保護國，在此之前，英國曾參與促成 1800 年代的桑吉巴群島奴隸禁止交易。

帝國強權們經常迫使主要大陸坦噶尼喀的農人種植經濟作物，例如咖啡，阿拉比卡咖啡也因此遍及全境。吉力馬札羅山為坦尚尼亞產量最高的農業區之一，而主要居住於吉力馬札羅山山坡的查加人（Chagga）大多擁有自家農地，他們自阿拉比卡咖啡引進之時，就扮演著種植此咖啡的重要關鍵人物。

咖啡小販通常也會帶著裝滿甜點的籃子，以搭配香料黑咖啡，kashata（坦尚尼亞花生椰子糖）就是一種很受歡迎的斯瓦希里甜點，由磨碎的椰肉或花生或兩者混合製成。

桑吉巴也是香料貿易的核心角色，因此也被稱為香料群島。原產地為摩鹿加群島（Moluccas，亞洲香料群島，現今屬於印尼）的丁香，以及其他重要的進口香料，例如香草、胡椒、辣椒與肉豆蔻，都在引進栽種之後獲得巨大的成功。這些香料許多都會用於沖煮 kahawa（咖啡，斯瓦希里語，源自阿拉伯語的 qahwa）。然而，桑吉巴的香料貿易增長也同時付出了巨大代價。阿曼蘇丹國鼓勵當地的香料種植，而香料生產幾乎全然依靠奴隸。僅僅數年過後，此地便掌控了全球市場 90% 的

丁香——獨自壟斷的情形更一路延續至下一世紀。

　　桑吉巴的傳統儀式受到了阿拉伯咖啡文化的影響。咖啡豆會放進陶壺，並以木炭烘烤，壺中還混合了香草、小豆蔻、肉桂、薑與香茅等辛香料。今日，在坦尚尼亞位於桑吉巴的海港城市三蘭港（Dar es Salaam）與斯瓦希里海岸，能見到在街上的咖啡小販帶著大型金屬壺，在為客人的 kikombe（杯子）倒進咖啡之前，有時也會添加一些薑。這些小販通常也會帶著裝滿甜點的籃子，以搭配香料黑咖啡，kashata（坦尚尼亞花生椰子糖）就是一種很受歡迎的斯瓦希里甜點，由磨碎的椰肉或花生或兩者混合製成。

雖然西式咖啡館正逐漸在坦尚尼亞市中心扎根，海岸小鎮的街上依舊能見到帶著金屬咖啡壺的小販。

Kahawa

香料咖啡

桑吉巴與斯瓦希里海岸的咖啡文化，不僅受到曾統治群島的阿曼王國的阿拉伯咖啡影響，坦尚尼亞主要大陸的優質咖啡，以及占地廣大的香料田，同樣都是重要因素。群島與主要大陸的海岸地區日常享用的咖啡，往往是添加了丁香、肉桂、小豆蔻、薑與香茅的香料咖啡。

水 2 杯

小豆蔻 3 根，微微壓碎

肉桂棒 1 小根

香草莢 1 根，切開並刮出；或是天然香草濃縮液 1 小匙

新鮮生薑 1 小塊，切片

新鮮香茅 1 小片，壓扁出汁

丁香 3 顆

咖啡粉 5 平大匙
研磨尺寸：中

牛奶與糖（視口味偏好）

在平底鍋中倒入 2 杯水，以大火煮沸。放入小豆蔻豆莢、肉桂棒、香草莢（如果用的是香草濃縮液，請過濾之前再添加）、薑、香茅與丁香。蓋上鍋蓋，滾煮 10 分鐘。

將鍋子離火。倒入咖啡粉，徹底均勻攪拌。蓋回鍋蓋，靜置 4 分鐘，以完全浸泡（如果用的是香草濃縮液，請靜置 4 分鐘後再添加）。

準備好已經預熱的杯子，以細網過濾咖啡並直接注入杯中。此飲品配方能做出 2 ～ 3 人份的小杯強勁濃咖啡。視個人喜好，可以選擇是否添加牛奶與／或糖。

注意事項：
桑吉巴也買得到預先混合香料的袋裝咖啡，但當地人僅使用新鮮香料。這類袋裝咖啡往往會在咖啡豆烘焙途中，就直接添加香料，而這份飲品配方是採用咖啡熟豆，並在沖煮過程添加香料。所以這類袋裝咖啡並不適用。

征服世界的
虔誠飲品

1400 年代，葉門的蘇菲神祕教派為了維持長時間守夜的清醒與注意力，以及強化他們的宗教祈禱 dhikr（寂克爾），會飲用咖啡。

　　人類對於咖啡的癡迷橫跨數世紀、遍及各大洲，也難怪想要搞清楚人類與咖啡究竟在歷史旅途中何時與如何交錯之時，事實與傳說會如此難以分辨。關於咖啡的起源有許多神話，有的發生在衣索比亞，有的源於葉門。

　　透過基因標記等分析研究，我們可以確定阿拉比卡咖啡來自於現今衣索比亞、厄利垂亞與／或南蘇丹的某處森林，而葉門則在人類掌握阿拉比卡咖啡的馴化與耕作中，發揮了關鍵作用。阿拉伯半島南部的炎熱乾燥氣候，與衣索比亞的蔥鬱森林截然不同，所以咖啡樹必須經過環境的適應。而適應了當地環境的咖啡樹，發展出今日備受人們推崇的風味。

　　咖啡的種植、沖煮，甚至也包含了烘焙的推廣，其實可以歸功於葉門農人，以及利用咖啡進行祈禱儀式的蘇菲神祕教派。咖啡逐漸一絲一縷地交織融入伊斯蘭世界的文化與社會——接著，一點一滴地滲入世界各地。

　　拉夫・哈托克斯（Ralph S. Hattox）在撰寫其著作《咖啡與咖啡館：中世紀近東社交飲品的起源》（*Coffee and Coffeehouses: The Origins of a Social Beverage in the Medieval Near East*）時，研究了阿拉伯原始文獻。哈托克斯指出，

早期咖啡作家深知彼此的知識有明顯落差，因此用一些咖啡起源神話以補足筆下歷史故事的不足，有時便很難抵抗。所以，許多歷史記載就包含了嚴重錯誤，古代資料的引用往往只是二手或三手的目擊說法，最糟糕的還包括了毫無根據的傳說。

　　許多咖啡起源神話都來自葉門。透過阿拉伯的文字記載，以及歐洲旅者從葉門帶回的各式各樣「發現」故事，我們可以知道咖啡引進葉門的時間，大約落在西元六世紀一路到十五世紀之間。艾羅・費凱的論文〈杯中的眾世界：咖啡起源傳說的身分轉換〉（*Many Worlds in a Cup: Identity Transactions in the Legend of Coffee Origins*）詳細探討了這些咖啡起源神話一路以來歷經的敘事轉變，他強調「喝杯咖啡的樂趣，是如何被具意義的敘事內容強化，而這些敘事內容同時得以進行文化解碼與重新編碼……。」

　　咖啡身為飲品的第一則具聲譽的文字紀錄，可追溯至十五世紀。由蘇菲神祕教派沖煮的 قهوة（qahwa，阿拉伯語，意為煮好的咖啡）成為宗教祈禱的重要協助。雖然第一位將咖啡帶到葉門的人究竟是誰，眾說紛紜，但人們大多認為首度「發現」咖啡之人曾到過衣索比亞。蘇菲教並非孤立封閉的宗教團體——許多蘇菲教徒都有尋常工作——所以不久後，喝咖啡的習慣也延伸至普羅大眾。一般認為，由於穆斯林社會禁止飲用醉人的酒精，所以取而代之的就是咖啡這種獲得許可的興奮劑。

　　不過，近期的考古證據顯示，咖啡來到葉門的時間可能遠遠更早。1990 年代，阿拉伯聯合大公國拉斯海瑪（Ras Al-Khaimah）的一處考古遺址，挖掘出一顆年代可追溯至十二世紀的咖啡豆。一般認為這顆咖啡豆的生長產地應為葉門，因此，這項挖掘證據支持咖啡開始貿

易與耕種的時間，可能要比原先認為的提早數百年。

無論如何，葉門都在咖啡向全世界傳播中，扮演推波助瀾的角色。當阿曼王國在1538年占領葉門時，日益流行的咖啡很可能就在這段時期，由征服者一同凱旋歸回君士坦丁堡（Constantinople）。據信，威尼斯商人就是在此時接觸到了咖啡，很快地，這個不起眼的豆子也征服了西方人的心。

咖啡的種植、沖煮，甚至也包含了烘焙的推廣，其實可以歸功於葉門農人，以及利用咖啡進行祈禱儀式的蘇菲神祕教派。咖啡逐漸一絲一縷地交織融入伊斯蘭世界的文化與社會。

在接下來的幾百年內，葉門壟斷了全球咖啡生產。許多人指出，葉門的咖啡豆在出口前會經過稍微煮沸、烘焙或其他消毒方式，以防止發芽。也有人認為，咖啡豆單純是因為海上長途運送，而失去發芽的能力。如同咖啡起源歷史一般，葉門逐漸失去咖啡大本營的壟斷地位也同樣有著各式各樣的傳說，有的故事說一切源自印度蘇菲教徒將仍有活力的種子偷渡出境；也有故事描述著荷蘭布商彼得·凡登布魯克（Pieter van den Broecke）如何將一株咖啡樹，從葉門的阿馬哈港（Al-Makha，又名摩卡港〔Mokha〕）走私運出。

由於葉門少了認識前人製作咖啡文化的包袱，所以當地並不僅限於將咖啡豆拿來烘焙。咖啡的沖煮可能使用未經烘焙的咖啡生豆，再添加香料；或者乾脆完全不用咖啡豆，反而以咖啡果殼（husk，咖啡果實的乾燥果皮）沖煮出如茶一般的飲品。至今，沖泡咖啡果殼的飲品在葉門依舊普遍，咖啡果殼茶稱為

قهوة القشر（qahwat alqishr），另一個更常見的名稱為 qishr，還有一些地區使用其西班牙名稱 cascara。不論是 qishr 或 qahwa（與咖啡豆一起沖煮），往往都會以薑調味，有時也會換成添加小豆蔻或肉桂。

當地咖啡通常由小農生產，他們也因為稀有的原生種逐漸累積財富。他們採用有機且自然的生產方式——承續數百年來不變的傳統方式。以此生產出無與倫比的咖啡豆，雖然往往也因此產量稀少。許多咖啡農人也歷經缺水之苦，以及缺少後製處理設備的困境，另外，當然還有2015年開始的人道危機等災難。

美國國際開發總署（USAID）的《葉門咖啡未來方案》（*Moving Yemen Coffee Forward*）報告書作者丹尼爾·吉歐凡努奇（Daniele Giovannucci）表示，將葉門咖啡向全球推廣所面臨的最大困境之一，便是葉門眾多獨特的咖啡品種特色，至今依舊缺乏有組織且顯著的推廣介紹。當地許多品種都是由數百年前祖先阿拉比卡物種群演化而來，而且全球絕無僅有。因為稀有，真正打進國際市場的葉門咖啡，便隨即擠身最珍貴的咖啡豆之一，往往獲得拍賣會最高昂的出價。

多數葉門咖啡都是由世代相傳的咖啡農人種植，農地大多位於古老高地農村。咖啡豆往往會在當地採收、乾燥且陳放，咖啡果殼甚至以手工剝除。

قهوة القشر Qishr

咖啡果殼茶

在其他地區被視為副產品的咖啡果肉或咖啡果實，在葉門則擁有與咖啡豆同等重要的地位。qishr（咖啡果殼）沖煮出的飲品類似濃茶，通常會加糖，並以薑調味，有時還會添加肉桂或小豆蔻。

剛煮沸的水 1¼ 杯

咖啡果殼 20 公克（½ 杯）
（參考下方「注意事項」）

薑粉 ½ 小匙

肉桂粉 ½ 小匙

糖（視口味偏好）

將水煮至沸騰。把咖啡果殼倒入香料研磨罐或攪拌器，稍微攪打 3 ～ 4 次，打碎較大片的果殼即可。

將打好的咖啡果殼放進爐式水壺或有蓋的小平底鍋中，開火，轉至中火。

稍微烘烤咖啡果殼，直到能聞到香氣。然後將剛煮沸的水倒入鍋中，接著加入薑與肉桂。攪拌後，蓋上鍋蓋，轉至大火，煮沸。

一旦沸騰，便打開鍋蓋，並轉至小火。慢煮 8 ～ 10 分鐘。

離火，稍微冷卻。以細網過濾咖啡並直接注入杯中。視口味偏好，可以添加些許糖，與／或倒入更多剛煮沸的熱水稀釋。

注意事項：
咖啡果殼在拉丁美洲稱為 cascara，近幾年在其他國家也漸漸變成頗為流行的飲品。咖啡果殼也是咖啡樹的一部分，因此也含有咖啡因——雖然含量少於用咖啡豆沖煮出的咖啡。咖啡果殼在網路上不難找到販售源頭。也可以嘗試不同的香料，例如一人份的飲品可以添加一根壓碎的生小豆蔻豆莢，或 ¼ 小匙的藏茴香籽（caraway）。另一種簡易快速版，則是把水與咖啡果殼直接放進法式濾壓壺浸泡——也可以試試冷萃（cold brew）！

儀式與好客

自 1500 年代之後，咖啡逐漸在阿拉伯半島流行，麥加（مكة المكرمة／Makkah al-Mukarramah／Makkah／Mecca）伊斯蘭學者之間的爭論便不斷：迷人的咖啡，在伊斯蘭律法之下是否應該受到禁止？

咖啡不帶絲毫猶豫地迅速蔓延整片阿拉伯半島——很快地，也進一步滲透全世界。

咖啡從家鄉非洲起步，向外跨出的第一站就是阿拉伯半島的最南端葉門（請見第 64 頁）。根據學者與當地歷史記載，咖啡由蘇菲神祕教派製作成 قهوة（qahwa，阿拉伯語，意為煮好的咖啡），並成為宗教祈禱的重要協助。自葉門，咖啡繼續向北征服了漢志（Hijaz）地區，並在麥地那（المدينة المنورة／Al Madinah Al Munawwarah／Medina）與麥加等城市流行起來。身為先知與伊斯蘭教創建者穆罕穆德（Muhammad）出生地的麥加，可謂伊斯蘭世界的中心。因此，不久後，咖啡便席捲了整個穆斯林社會。咖啡館如雨後春筍般一間間萌芽，並成為社交與大眾娛樂的社區據點。

長久以來始終居住於沙漠的阿拉伯遊牧民族貝都因人（Bedouins），甚至也開始流行喝咖啡。咖啡最初透過貿易而進入貝都因人的社群，他們會將咖啡沖煮器具與各種補給都綁在駱駝的背上，一同橫跨沙漠。

不過，咖啡的擴展也並非總是一帆風順，打從一開始，喝咖啡與咖啡館就受到極大的反對。自從十六世紀早期，一場關於咖啡是否應該 حرام（haram，意為受到伊斯蘭律法禁止）的漫長且激烈的爭辯便已經展開。1511 年，咖啡首度在麥加遭禁，原因是咖啡據信會使人興奮、危害健康且危險。其論點是咖啡為一種使人興奮的飲品，因此被伊斯蘭飲食法禁止。當時咖啡館的景色也確實常常如同酒館，例如班尼特·溫伯格（Bennett Alan Weinberg）與邦尼·比勒（Bonnie K. Bealer）在《咖啡因的世界》（The World of Caffeine）一書的詳盡描述：「咖啡館的咖啡因醉鬼與在深夜騷動裡依舊清醒的人們之間的爭吵鬧事，已經是家常便飯。」對此情況，代表咖啡的阿拉伯語 qahwa 也是幫倒忙，因為該詞最初在古詩的意思是葡萄酒。

回溯至西元 600 年當時，阿拉伯古詩的形式眾多。其中之一就是民間白話詩 Nabaṭī，這種詩體被視為人民的詩。身為阿拉伯文化重要角色之一的咖啡，因此成為詩作極受歡迎與經常現身的主題，而今日的我們也因此能見到絕佳的阿拉伯咖啡早期紀錄。一則廣為流傳的作品出自偉大的詩人穆罕穆德·本·阿布杜拉·卡迪（Mohammed bin Abdullah Al-Qadi），早在兩百多年之前，他便寫下沖煮阿拉伯咖啡的過程。

在卡迪的詩中，咖啡豆會經過烘焙，直到表面油亮。接著，咖啡熟豆會手工研磨，並倒入 دلة（dallah，阿拉伯咖啡壺），詩中將此壺描述為「形狀如蒼鷺，內部塗漆，可以避免咖啡渣弄髒壺」。再將水注入，以咖啡粉一同煮沸。一旦咖啡粉升至壺口表面，就可以添加香料了。關鍵香料是小豆蔻與丁香，番紅花則視個人喜好。咖啡也可以用樹汁化石——琥珀，添加香氣。根據當地人所說，直到現今，有時仍然會看到有人在咖啡壺蓋放上琥珀，讓咖啡多帶一股迷人香氣。

英語中的阿拉伯咖啡，大多指的是任何一

種貝都因人的傳統咖啡沖煮風格，例如位於阿拉伯海灣國家、埃及、巴勒斯坦、約旦、黎巴嫩等等多處的風格。

最初，貝都因人直接以明火烘烤裝在المحماس（al mihmas，裝有長手柄的烘豆鐵匙）的咖啡豆，但漸漸地咖啡豆變成放在الكوار（al kuwar，裝有石板爐的陶土坑）烘烤。咖啡熟豆會利用النجر（a-najr，銅製的臼與杵）進行手工研磨，或是使用手動的磨豆機。貝都因人會使用一種稱為المهباج（al mihbaj，同時也是貝都因打擊樂器的名稱）的木臼。傳統阿拉伯咖啡壺有三種，在不同國家還會有不同的名字。在沙烏地阿拉伯，這三種壺分別稱為دلة الملقمة（Dallat Al Mulqimah，第一個壺，用來煮咖啡）、دلة المهيلة（Dallat Al Muhayalah，第二個壺，用來將煮好的咖啡與香料混合），以及دلة المزلة（Dallat almuzla，第三個壺，用來盛裝準備好享用的咖啡）。另外，第一個壺嘴會塞入棕櫚葉編織物，用以過濾咖啡。

英語中的阿拉伯咖啡，大多指的是任何一種貝都因人的傳統咖啡沖煮風格，例如位於阿拉伯海灣國家、埃及、巴勒斯坦、約旦、黎巴嫩等等多處的風格。這類咖啡的主要共通點，在於儀式、法典、沖煮器具與沖煮過程的某些部分，例如黑咖啡會添加小豆蔻。一般而言，阿拉伯咖啡一旁都會附上椰棗或其他甜品。

此區域的咖啡烘焙程度與香料添加種類具有相當大的差異。在南方，經常會用到薑。在沙烏地阿拉伯與部分阿拉伯半島地區，咖啡豆的烘焙程度很淺，同時會添加小豆蔻，而且水粉比例很低，因此沖煮出如茶一般的淡黃色咖啡。這裡的咖啡也常常會加入番紅花與丁香。到了北方，咖啡豆的烘焙程度會深很多，沖煮出的咖啡也會濃烈許多。在黎巴嫩，咖啡有時

會以橙花水增添香氣。而伊拉克與其他北部地區，則是長時間熬煮咖啡，濃縮成如糖漿一般。這類咖啡會裝在玻璃罐保存，留待日後使用，等到要喝咖啡時，會以更多水與新鮮咖啡豆一同沖煮成濃烈強度加倍的咖啡。

阿拉伯咖啡的製作與飲用習俗，已列為聯合國教科文組織的無形文化遺產。聯合國教科文組織表示，阿拉伯咖啡是阿拉伯社會好客的重要面向之一，並被認為是展現慷慨的儀式性舉動。

阿拉伯咖啡可能包含了高達一百種或更多的社交淺臺詞。任何聚會都不能沒有咖啡。一般來說，主人會招待的咖啡數量為一至三فناجين（fanaajin，傳統阿拉伯小型咖啡杯，此為فنجان〔finjan〕的複數），客人僅能以右手接下與遞回杯子。當任何客人的杯中盛裝超過一半的咖啡時，代表主人明顯表示不歡迎此人久留。

聚會中的第一杯咖啡稱為الهيف（Al-Haif，測試杯），由主人飲用。在過去，這樣的做法是主人為了證明杯中無毒，但到了今日，用意則轉變為主人確認咖啡的品質。第二杯叫做الضيف（A-Daif，客人杯），會端給客人享用。如果客人沒有立即喝下咖啡，代表他或她對主人有所請求。第三杯稱為الكيف（Al-Kaif，心情杯），客人可以看心情決定要喝下或離開。第四杯為السيف（A-Saif，劍杯），有軍事與結盟的象徵，許多人會因為第四杯所代表的責任意義，而選擇完全不碰這杯咖啡。第五杯在過去被視為騎士杯，當客人喝下這杯咖啡，代表向主人立下復仇或開戰的誓言。

今日，阿拉伯咖啡具有極為重要的文化意義。阿拉伯聯合大公國的硬幣甚至刻有阿拉伯咖啡壺。阿拉伯咖啡壺往往代表了濃厚的裝飾

意味，並且扮演了身分認同的重要角色，阿拉伯人的家中經常會展示此壺。阿拉伯咖啡的製作與飲用習俗，已列為聯合國教科文組織的無形文化遺產。聯合國教科文組織表示，阿拉伯咖啡是阿拉伯社會好客的重要面向之一，並被認為是展現慷慨的儀式性舉動。

雖然族群的首領與長者之間依舊保有長達數百年的咖啡品飲傳統，但阿拉伯半島當地不乏圍著咖啡壺舉行的非正式聚會。

قهوة سعودية Saudi Qahwa

海灣咖啡

沙烏地阿拉伯與其他阿拉伯海灣國家的咖啡，往往烘焙程度很淺，並散發小豆蔻的香氣，有時還會有番紅花、丁香或玫瑰水香。海灣咖啡為淡黃至橘褐色，具甜香且香氣十足。英語世界常常稱這類飲品為海灣咖啡，以與其他較深焙風格的阿拉伯咖啡做出區別。

咖啡生豆 14 公克（3 大匙）
（參考下方「注意事項」）

水 500 毫升（17 液體盎司）
（可多準備一些用於預熱阿拉伯咖啡壺或奉壺的額外滾水）

生小豆蔻 3 根，微微壓碎

番紅花 1 小撮

椰棗（隨杯附上）

你也需要：
阿拉伯咖啡壺或奉壺、阿拉伯或土耳其咖啡壺，或小平底深鍋

預熱烤箱至 180℃（355 ℉）。將咖啡豆在烤盤上平均分散。烘焙 7～9 分鐘，經常攪動，直到咖啡豆呈很淺的褐色，幾乎還透著綠色——目的是讓咖啡豆脫水。別讓咖啡豆的顏色深於淡花生醬。

將咖啡豆從烤箱取出，並立即倒在木質檯面冷卻。傳統上，會將咖啡豆倒在墊子上，並持續翻動以快速降溫。

將一些剛煮滾的熱水倒入阿拉伯咖啡壺或奉壺。如此一來，有助於防止等會要盛裝的咖啡冷卻。

研磨咖啡豆。依據不同習慣，咖啡粉的顆粒會研磨成粗至細。可以先從中等細度的咖啡粉開始，並由接續數次的沖煮之間調整研磨尺寸。

取出阿拉伯或土耳其咖啡壺，或小平底深鍋，倒入 500 毫升（17 液體盎司）的水，煮至沸騰。倒入咖啡粉，轉為小火，慢煮 10 分鐘。一旦咖啡沸騰的泡沫似乎快要溢出壺或鍋邊，就將火轉小一些。

加入小豆蔻，繼續慢煮 2 分鐘。離火。將阿拉伯咖啡壺或奉壺內的熱水倒掉，丟入 1 小撮番紅花。透過篩網將咖啡倒入壺中。靜置，讓咖啡粉沉澱，然後把咖啡注入小咖啡杯中。隨杯附上椰棗享用。

注意事項：
這份飲品配方須要準備未烘焙的咖啡生豆。也許能從自家當地的咖啡烘豆商買到；或者也可以從網路上買到小包裝的咖啡生豆。阿拉伯咖啡是最古老的咖啡沖煮風格之一，因此也難以將這項沖煮技藝濃縮於一份飲品配方中。不同國家的沖煮方式有極大的差異，飲品配方也會透過家族長久傳承。家家戶戶沖煮咖啡的方式都有所不同，所以，不妨也放手實驗不同的烘焙程度與香料。

قهوة سادة Qahwa saada

不甜阿拉伯咖啡

Qahwa saada 直譯意思為純咖啡，未加糖，採用中至深焙的咖啡豆，並以小豆蔻添加香氣。這類咖啡被視為待客咖啡（因為往往是為了客人所準備），阿拉伯南部地區則認為這是北方咖啡或貝都因咖啡，因為這類咖啡在沙漠地區的遊牧民族之間十分受歡迎。這種較苦的阿拉伯咖啡風格在阿拉伯半島、埃及、伊拉克、敘利亞與約旦等地，都有不同的在地差異。

水 1 杯

中至深焙咖啡豆 1 尖大匙
研磨尺寸：細

小豆蔻粉 ½ 小匙

椰棗（隨杯附上）

你也需要：
阿拉伯或土耳其風格的爐式咖啡壺

將水倒入咖啡沖煮壺，煮至沸騰。如果手邊沒有小型咖啡壺，可以直接使用小平底深鍋。倒入咖啡粉，轉至小火，慢煮 10 分鐘。

一旦咖啡沸騰的泡沫似乎快要溢出壺或鍋邊，離火，直到泡沫消減再放回火上。此過程可能要重複數次。

倒入小豆蔻，並慢煮 2 分鐘。離火。

靜置數分鐘，讓咖啡粉沉澱。將咖啡注入小咖啡杯中。隨杯附上椰棗享用。

注意事項：
不同家庭、地區與國家針對此咖啡的做法都非常不同。有時可以添加橙花水或玫瑰水，或是以肉桂、丁香與薑增加香氣。某些人會在沖煮過程放糖，或隨杯附糖。在伊拉克，有時會拉長咖啡滾煮的時間，創造強烈且濃郁的咖啡感。

可做為社交場域與
完美藉口的
土耳其咖啡館

大約在 1550 年的伊斯坦堡（Istanbul），
鄂圖曼咖啡館正一間間地開啟，並迅速成
為社區裡的流行聚會場所——導致前往清
真寺的人數銳減。

在第二個千禧年中，鄂圖曼帝國在眾多
歐洲東南部、非洲與西亞都擁有控制或管理
權。鄂圖曼帝國的首都伊斯坦堡建立於 1300
年代，其首都在大多時期始終位於此處。歷
史學家相信，kahve（咖啡）是鄂圖曼帝國於
1538 年占領葉門之後，在蘇萊曼蘇丹（Sultan
Süleyman，西方世界稱為蘇萊曼大帝〔Suleiman
the Magnificent〕）的統治期間進入土耳其社
會。而葉門的咖啡則源於蘇菲神祕教徒為了在
夜間宗教祈禱依舊保持清醒。也有一些人相
信，土耳其的咖啡是在更早的數十年之前，經
由埃及傳入（埃及於 1517 年由鄂圖曼帝國統
治）。

哈佛大學（Harvard University）的土耳其
研究教授傑馬爾‧卡法達（Cemal Kafadar），
在他的文章〈歷史的暗夜有多沉，咖啡的故事
有多黑，愛的傳說有多苦：現代伊斯坦堡初期
文學與享樂的衡量〉（*How Dark is the History
of the Night, How Black the Story of Coffee, How
Bitter the Tale of Love: The Changing Measure of
Leisure and Pleasure in Early Modern Istanbul*）

中表示，伊斯坦堡迄今所發現最早關於咖啡的
文獻可追溯至 1539 年。文獻紀錄中，一位特級
上將（grand admiral）的資產就包括一間 kahve
odası（土耳其咖啡室）。卡法達也提到在大約
一世紀之後，鄂圖曼歷史學家易卜拉欣‧佩奇
維（ brahim Peçevi）被廣泛接受的紀錄中，提
到伊斯坦堡第一間 kahvehanes（咖啡館）的細
節，佩奇維表示此地的咖啡館從大約 1550 年
代開始出現。

鄂圖曼咖啡館迅速嵌入社會日常生活。這
是十分入世的空間，為擁有不同民族與宗教背
景的男子們，提供了得以會面、討論與分享故
事及知識的「第三個空間」。鄂圖曼社會深愛
咖啡的刺激功效——咖啡因狂熱就是關鍵吸引
力之一。擠滿了知識分子、作家、生意人、異
議人士與間諜，咖啡館成為相聚的場所、激辯
的溫床，以及社交聚會的空間。

土耳其的沖煮方式，是做出一杯滾燙、強
烈且充滿 telve（咖啡沉澱物）的咖啡，啜飲之
前必須靜置等待咖啡粉沉降。土耳其咖啡不會
添加牛奶，一開始也不會添加糖（因為當時的
糖並不容易取得）。喝咖啡在那個時代並沒有
外帶的概念——咖啡館的發展創造出一種能夠
專注的空間，提供人們一個靜靜坐下享受咖啡
的悠閒環境。

在咖啡館逐漸成為鄂圖曼社交生活空間
的同時，部分宗教人士開始因為前往清真寺
的人數減少而不滿。佩奇維在關於十七世紀
鄂圖曼帝國的紀錄《佩奇維的歷史》（*Tarih-i
Peçevi*）中寫道：「伊瑪目（Imams）、宣禮者
（muezzins）與虔誠的偽君子們說著：『人們
對咖啡上癮了，沒人要來清真寺了！』ulema
（專精於伊斯蘭律法的穆斯林學者）說：『這
些是邪惡的空間，去葡萄酒館都比較好。』而
傳教士尤其奮力嘗試禁止咖啡館。」

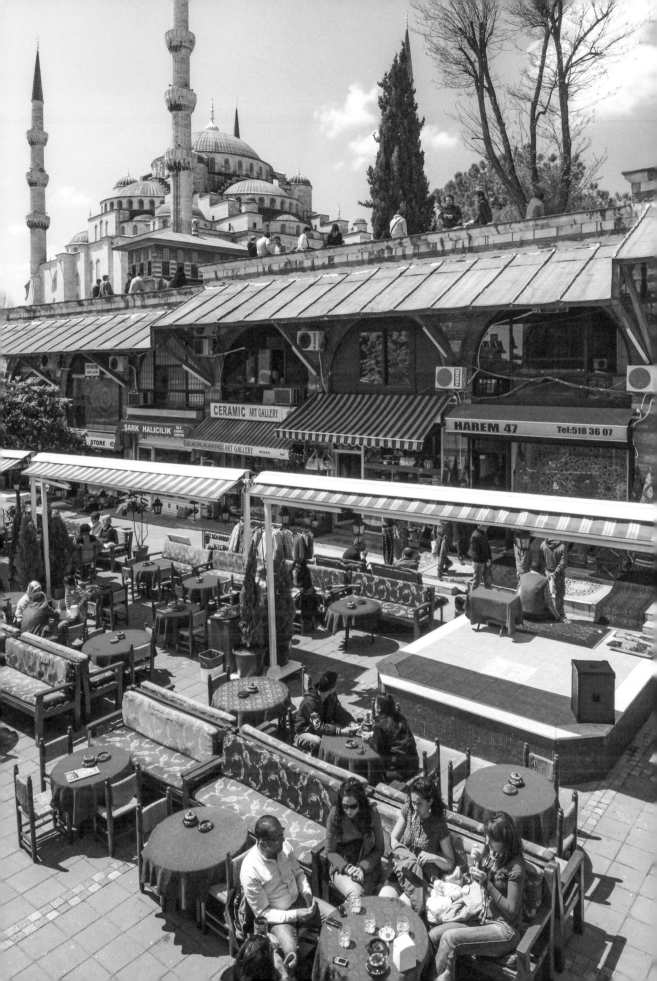

在整個十七世紀期間，政府都將社會動盪歸咎於咖啡館。他們認為公共場合被播下不滿的種子，這些地方不具階級制度，各式族群會在那兒相互交流。在咖啡館裡，會有人大聲朗誦新聞，文盲因此能接收資訊與受到教育；皇室的八卦在這裡飛揚；對抗蘇丹的革命行動也在此處計畫著。政府官員深信這些不受掌控的互動，正是社會秩序的威脅。所以，以宗教與社會為由，咖啡館時不時就會被禁止營業，藉此限制其蔓延擴散以及累積影響力。然而，這些禁令被大部分人忽視、撤銷又重啟數次，而喝咖啡的習慣則一面繼續增長。

土耳其咖啡是將極細的咖啡粉與水，以cezve（土耳其咖啡壺）煮滾。今日通常會放在爐上沖煮，但傳統上是使用木炭。

在不反對咖啡發展的蘇丹統治期間，咖啡也在皇宮間逐漸流行。芝加哥大學（University of Chicago）的鄂圖曼與土耳其文化、語言及文學教授哈康‧卡拉特克（Hakan Karateke）表示，皇宮擁有許多技藝純熟的咖啡師。kahvecibaşı（首席咖啡師）會與他的侍從為「國家的人」製作咖啡，珍貴的咖啡相關器具保養也是由他負責，例如華美的沖煮壺、咖啡杯、托盤與繡布等。kahveci usta（女性咖啡師）則只會在蘇丹的私人住所料理咖啡。

在鄂圖曼時期，咖啡通常是不加糖的黑咖啡。如今，在伊朗、希臘與阿拉伯半島都很流行的香料，例如乳香脂（mastic）、肉桂、八角與丁香等，也會出現在土耳其咖啡中。現在的土耳其咖啡往往都會添加糖：點咖啡的時候，必須特別表明要çok şekerli（全糖）、orta şekerli（半糖）、az şekerli（微糖）或sade（無糖）。另一個相對近代出現的是帶有玫瑰香的

lokum（土耳其軟糖），這是一種放在濃烈咖啡旁邊並帶有嚼勁的隨杯甜點。卡拉特克教授記得自己年輕參加的節日慶典上，咖啡一旁會附上櫻桃與檸檬利口酒（liquor），但現今已經不常見了。

土耳其咖啡是將極細的咖啡粉與水，以cezve（土耳其咖啡壺，一種特製的長柄沖煮壺，傳統材質多為黃銅或銅）煮滾。今日通常會放在爐上沖煮，但傳統上是使用木炭。

咖啡沖煮器具的品質優劣決定咖啡的味道。土耳其咖啡壺的沙漏形狀十分重要，此形狀的好壞會決定咖啡能不能輕鬆地倒出，壺嘴是否有著類似漏斗的形狀，進而讓咖啡順著壺嘴以一道細流注入fincan（小杯子，通常為陶製或玻璃製，也會用銅等金屬製作）。這個小杯子通常會套進一個華麗的金屬杯套，稱為zarf，讓滾燙的小杯子多出能抓取的手把。

土耳其咖啡壺的頸部形狀能在倒出咖啡時濾除一些咖啡粉。更重要的是，細窄的頸部是產生泡沫的關鍵，這也是沖煮出道地土耳其咖啡的必要元素。咖啡的溫度與泡沫則是透過反覆離火來調控。

1700年代期間，居住並撰寫了伊朗薩非帝國（Safavid）晚期編年史的波蘭耶穌會士塔都茲‧克魯辛斯基（Tadeusz Krusi ski），發表了一本鄂圖曼帝國咖啡飲用細節的關鍵文獻，這本由安‧馬萊卡（Anna Malecka）翻譯的《土耳其咖啡的正確品飲方式》（*Pragmatographia de legitimo usu Ambrozyi Tureckiey*），特別說明咖啡應滾煮至濃稠（ağır kahve，意為濃厚咖啡），但「更細緻的方式是……，待咖啡沉澱之後再品嘗。」克魯辛斯基接著還補充了一種早已被遺忘的方法：利用少量磨碎的鹿角加速咖啡粉的沉澱。

在土耳其文化中，沉積在咖啡杯底部的咖

啡粉還有另一種用途。根據耶西姆·格克傑（Yeşim Gökçe）由土耳其文化基金會（Turkish Cultural Foundation）發表的一篇文章表示，kahve falı（咖啡渣占卜）已有數百年的歷史。首先將一只小碟子蓋在喝完的咖啡杯頂，倒置，並靜置冷卻。飲用這杯咖啡之外的人，也許是朋友或專業解讀者，將根據剩下的咖啡渣圖樣解讀飲者的過去並預測未來。

依據土耳其的習俗，色深且濃烈的咖啡不該空腹品嘗。因此，土耳其的早餐便稱為 kahvaltı（kahve 意為咖啡，而 altı 意為下方），

以此脈絡而言，一般認為這個字的意思就是「咖啡之前」。這還不是土耳其人將咖啡熱情滲入語言的唯一例子，例如土耳其文的棕色為 kahverengi，直譯的意思就是咖啡色。

當地人在伊斯坦堡的皮耶羅迪山（Pierre Loti hill）享用咖啡。這間咖啡館擁有飽覽伊斯坦堡七座山的壯麗美景，吸引了無數遊客到此體驗傳統風格的咖啡品飲。

Türk Kahvesi

土耳其咖啡

土耳其咖啡為黑咖啡，一旁通常會附上分量慷慨的糖。正確沖煮土耳其咖啡必須用到一種稱為 cezve 的長柄沖煮壺，在網路上不難找到（常常會被稱為土耳其咖啡壺〔Turkish coffee pot〕）。土耳其咖啡通常會以小杯子盛裝，一旁會附上一杯水與一塊土耳其軟糖。

水 90 毫升（3 液體盎司）

淺至中焙的咖啡豆 7 公克
（1 尖小匙）
研磨尺寸：土耳其細
（極細，如同糖粉）

砂糖 1 小匙（或視口味偏好）

土耳其軟糖（隨杯附上）

你也需要：
cezve（土耳其咖啡沖煮壺）、
特製土耳其磨豆機或手動磨
盤式磨豆機（參考下方「注意
事項」）

將水倒入土耳其沖煮壺，放到爐上，以大火加熱到大約 60℃（140 ℉）；請以溫度計測量。

從熱水表面撒下咖啡粉，請勿攪拌。添加糖。當咖啡粉開始沉下時，攪拌，並轉為小火。

咖啡很快就會開始起泡，請謹慎調控。可以利用將土耳其沖煮壺拿起離火片刻，或是把火轉更小等方式，維持泡沫呈細小狀。

請勿讓咖啡沸騰。相反地，慢慢堆疊泡沫。當泡沫向壺頸上升，請在泡沫即將觸頂時，讓沖煮壺離火一次。

如果沖煮量為 1 人份以上，平均在每個杯子都倒入一點點泡沫，反覆進行，直到裝滿小杯子。

品嘗之前，請等待泡沫與咖啡粉沉澱。

隨杯附上土耳其軟糖。

注意事項：
如果使用的是預先研磨的咖啡粉，就必須透過反覆加熱與冷卻的過程，堆疊出不易消散的泡沫。當沖煮壺離火時，泡沫會消退，此時就再度放回火上，請多重複泡沫升起與退卻一、兩次。如果使用的是新鮮咖啡粉，只要經過一次的泡沫升起，就能創造出不易消散的泡沫了。家用磨刀式或磨盤式磨豆機鮮少能磨出夠細的咖啡粉。如果找不到土耳其磨豆機，可以嘗試尋找手動磨盤式磨豆機（這類磨豆機的運作原理與胡椒研磨器一樣），然後盡量研磨得愈細愈好。

印度的
走私豆與
季風

1600 年代，卡納塔克邦（Karnataka）一則知名傳說如此描述：蘇菲聖者巴巴布丹（Baba Budan）自麥加朝聖之旅私自將咖啡帶回家鄉，自此打破了阿拉伯身為全球咖啡豆生產大本營的地位。

　　印度的咖啡歷史故事常常會以一則迷人的傳說開頭：蘇菲聖者巴巴布丹偷偷從葉門帶著七顆咖啡豆（在伊斯蘭世界這是具象徵性的數字），回到家鄉卡納塔克邦的契克馬加盧（Chikmagalur），自此打破了葉門壟斷咖啡豆生產的地位。有些傳說寫到巴巴布丹將咖啡豆藏在鬍子裡，有的則說是緊貼胸口捆綁。

　　雖然咖啡究竟何時抵達印度海岸依舊是謎團，但印度貿易商與商人首度遇見咖啡豆，很有可能是咖啡開始在阿拉伯半島與伊斯蘭世界廣泛傳播之際。而印度與阿拉伯半島之間的交易，自古便已存在。

　　如果咖啡豆並非由巴巴布丹帶來印度，某些假說則認為率先將咖啡植株帶到印度的，可能是早期的阿拉伯貿易商；也有些印度咖啡種植起源故事，是從十七世紀荷蘭在馬拉巴進行的實驗說起。許多關於印度咖啡豆的故事都會聚焦於殖民因素；致力於印度咖啡豆生產促進推廣的印度咖啡局（Coffee Board of India），記錄了當地大型商業墾殖園在 1800 年代開始發展，就在「英國殖民企業家征服南印度充滿敵意的森林地帶」之後。不過，研究者巴絲瓦蒂·巴塔查里亞（Bhaswati Bhattacharya）在她的論文〈全球化商品的在地歷史：十九世紀邁索爾與庫格的咖啡生產〉（*Local History of a Global Commodity: Production of Coffee in Mysore and Coorg in the Nineteenth Century*）表示，至少在十九世紀末之前，關鍵種植地區的印度當地農人數量遠遠高於歐洲種植者。

　　所以，並非只有殖民強權關注咖啡。雖然人們常常認為印度是飲茶國家，但早在十七世紀的蒙兀兒印度（Mughal India），咖啡就已經是一種很受歡迎的飲品。歷史學家史蒂芬·布雷克（Stephen P. Blake）在其著作《沙賈哈納巴德，1639～1739 年蒙兀兒印度的制霸城市》（*Shahjahanabad, The Sovereign City in Mughal India 1639-1739*）提到，舊德里（Old Delhi）充滿了 qahwakhanas（此名詞源自阿拉伯文的 قهوة〔qahwa〕，意為咖啡）。

　　有時，印度的咖啡產業能得到充滿開創性的政府支持。巴塔查里亞在她的著作《喝咖啡，生是非：印度咖啡館的過去與現在》（*Much Ado Over Coffee: Indian Coffee House Then and Now*）提到，在經濟大蕭條與第二次世界大戰之間，殖民經濟政策造就了出超（export surplus）。為了支持咖啡產業，政府成立了印度咖啡委員會（Indian Coffee Cess Committee），目標為國內、外的印度咖啡行銷推廣。為了協助販售多餘的咖啡豆，印度咖啡委員會在境內各地開設了連鎖咖啡館，名為印度咖啡館（Indian Coffee House），第一間在 1936 年於孟買（Bombay）開張。到了 1950 年代，這些咖啡館開始計畫關閉——直到工人說服印度咖啡局轉移持有權。到了今日，工人透過全國眾多合作社依舊營運著印度咖啡館。

RESTAURANT & BAKERY

RESTAURANT & BAKERY

यजदानी रेस्टॉरन्ट अँड बेकरी

La Boulangerie

YAZDANI BAKERY

SINCE - 1950

FRESH
Apple Pie

SMEKS
BURY

BREADS

MULTI GRAIN
WHOLE WHEAT
BROWN BREAD

這些咖啡館被譽為印度的客廳。桑卡爾山·塔庫爾（Sankurshan Thakur）在他的著作《比哈爾兄弟》（*The Brothers Bihari*）中寫道：「我第一次聽到像是元首（führer）與法西斯這類名詞的地方就是在印度咖啡館，還有像是無產階級與中產階級這類的字詞。」

如今，印度超過 70% 的咖啡豆產量都用於出口。雖然對於如此龐大的國家而言，國內飲用只需要這樣的數量貌似很少，但印度其實蘊含強烈且鮮活的咖啡文化——尤其是印度南部，全國每年的咖啡飲用量約有四分之三都是在這裡喝光的。

所以，今日的印度通常會怎麼喝咖啡？南印度的傳統咖啡沖煮稱為 meter kaapi（尺咖啡）、Kumbakonam degree coffee（昆巴科南度咖啡）、Mysore filter（邁索爾濾沖）或 Mylapore filter（麥拉坡濾沖），答案會依據回答之人而有所不同。

南印度的咖啡往往混合了香料。印度身為全球第二大的小豆蔻產國，所以法式濾壓壺裡常常會放進幾根小豆蔻豆莢。

印度的 Kaapi（外來語，音譯自 coffee）採用一種由兩個杯子組成的特殊濾器沖煮，其中一個杯子會套在另一個上方。上杯裝有咖啡粉與一個用於壓實的壓盤，上面有許多小孔洞讓咖啡向下滴流。沖煮出的濃烈咖啡會再添加牛奶及糖，然後注入 dabara（達巴拉）——傳統馬德拉斯（Madras）風格的玻璃杯。

說到咖啡豆本身，印度幅員遼闊、氣候多元，為咖啡提供了豐饒的種植與生長土地。全境囊括了一系列不同的咖啡品種與風格類型。

當地會將咖啡在玻璃杯與杯托之間來回傾倒，彼此混合、乳化與冷卻，在不使用蒸汽棒的情況之下，可避免摻入額外的水分。經過這種做法的咖啡，很明顯會與只有單純攪拌混合的不同。這種來回傾倒的做法，讓南印度的濾沖咖啡贏得 meter kaapi（尺咖啡）之名，因為往往會將咖啡由 1 公尺的高度來回傾倒。

咖啡豆常常會先混合菊苣（chicory）根，再進行烘焙與研磨。在沖煮過程中，菊苣根抓住熱水的時間會久一點點，因此有較強的萃取效果以及更厚實的口感。

南印度的咖啡往往混合了香料。印度身為全球第二大的小豆蔻產國，所以法式濾壓壺裡常常會放進幾根小豆蔻豆莢。

雖然現煮咖啡最為人所喜愛，但許多印度當地人也鍾情於懷舊的冰咖啡，做法就是將即溶咖啡或三合一咖啡包，與牛奶、冰塊、糖，有時再加上冰淇淋，一同在攪拌機均勻攪打。

說到咖啡豆本身，印度幅員遼闊、氣候多元，為咖啡提供了豐饒的種植與生長土地。全境囊括了一系列不同的咖啡品種與風格類型，其中一種特殊的咖啡豆後製處理法甚至受到今日的印度商品地理標示法（Geographical Indications of Goods Act）保護。備受讚譽的季風馬拉巴咖啡豆，是讓咖啡生豆暴露於季風的吹拂，咖啡豆的顏色將因此轉變，並增添一種獨具特色的風味與柔潤的酸度。

目前，印度咖啡館在該國擁有高達四百多個據點，包括有位於喀拉拉邦（Kerala）特里凡德朗（Trivandrum）的獨特螺旋磚樓（第91頁），及西孟加拉邦（West Bengal）加爾各答（Kolkata）的大型咖啡廳（第95頁上圖）。

Filter Kaapi

濾沖咖啡

2
人份

在印度其他地區，印度茶（chai）無疑稱王，但是到了南印度，則是由濾沖咖啡制霸。這類咖啡之所以稱為尺咖啡，是由於咖啡師會從 1 公尺高的地方來回在兩個杯子之間傾倒咖啡。另外，咖啡並不是一定會添加菊苣，但頂級咖啡肯定會有。各位也可以試試圓豆（請見第 254 頁）綜合配方。

綜合咖啡豆 25 公克（5 平大匙）：80% 的中焙咖啡豆、20% 的焙烤菊苣研磨粉
研磨尺寸：細

熱水 180 公克（6½ 盎司）（93 ～ 96℃／200 ～ 205 ℉）

牛奶 1 杯

糖（視口味偏好）

你也需要：
印度式咖啡濾器（參考下方「注意事項」）、dabara（達巴拉）玻璃杯與杯托，或是兩個金屬杯

將綜合咖啡粉倒入印度式咖啡濾器的上杯，平均布粉，然後插入帶孔壓盤，輕輕地壓實，取出壓盤。將整組濾器放在電子秤上，按下歸零鍵。

注入水 40 公克（1½ 盎司），恰好足以讓咖啡粉浸潤即可。蓋上濾器蓋，靜置 15 秒鐘，接著在上杯注入熱水，直到電子秤的讀數到達 180 公克（6½ 盎司）。蓋上濾器蓋，靜置 20 分鐘，讓咖啡慢慢穿過濾網——煮好的咖啡稱為「熬汁」（decoction）。

此時，用平底深鍋加熱牛奶。當牛奶開始起泡，離火，並盡量由最高處倒入另一個容器，容器的容量必須夠大，足以容納所有牛奶且不會濺出太多。這種做法可以讓牛奶起泡，同時避免表面產生薄膜。

在達巴拉玻璃杯倒入一些咖啡熬汁，再注入牛奶，牛奶量視個人喜好而定。並依喜好添加糖。

在達巴拉玻璃杯與杯托來回傾倒，在可以掌控的範圍之內盡量拉高傾倒距離（此做法能為咖啡注入空氣、混合糖且使咖啡乳化）。重複數次，直到咖啡均勻混合，並且綿密、起泡。

注意事項：
手邊沒有印度式咖啡濾器嗎？可以準備一只金屬壺，將咖啡粉與熱水混合，蓋上壺蓋，靜置 30 秒鐘，攪拌後再度蓋上壺蓋。靜置 1 ～ 2 分鐘，接著將咖啡透過起司濾布或細濾網倒出。菊苣根質地堅韌，應該不會想要用咖啡磨豆機研磨它。如果想要自己製作菊苣咖啡綜合豆，可以購買已經研磨成粉的焙烤菊苣。如果使用的印度式咖啡濾器並非首次使用，可以將上杯放在小火上，燒掉舊有的咖啡渣。請小心操作，因為此時的金屬上杯會非常燙。

Chukku Kaapi

薑咖啡

在喀拉拉邦可以喝到一種稱為 chukku kaapi 的咖啡，在泰米爾那都邦（Tamil Nadu）則稱為 karupatti kaapi。兩種都是以印度蔗糖（jaggery）增添甜感的咖啡，通常也會加入些許香料。chukku 為馬拉亞拉姆語（Malayalam，喀拉拉邦的馬拉亞拉人的語言），意為薑；karupatti 在泰米爾語的意思為印度蔗糖。這種帶香料風味的甜咖啡飲品有消除鼻竇的功效，在阿育吠陀療法（Ayurvedic remedy）也常常用於治療咳嗽或感冒。

水 700 毫升（24 液體盎司）

印度蔗糖或紅糖 3 大匙

薑粉 1½ 小匙

黑胡椒粉 ¼ 小匙

生小豆蔻 2 根，稍微壓碎

孜然 ½ 小匙

乾燥聖羅勒 1 大匙，或
新鮮聖羅勒 10 片

中焙咖啡粉 1 尖大匙
研磨尺寸：中

以平底深鍋將水煮滾。倒入印度蔗糖或紅糖（如果不喜歡太甜，也可以放少一點），持續攪拌直到完全融化。

放入薑、黑胡椒、小豆蔻與孜然。慢煮 5 分鐘。將火轉小，倒入聖羅勒與咖啡粉，攪拌，然後蓋上鍋蓋，慢煮 2～3 分鐘。

透過起司濾布或細篩網，將咖啡直接倒入杯中，並趁熱享用。

注意事項：

雖然 chukku kaapi 與 karupatti kaapi 都是以印度蔗糖添加甜感，但 karupatti kaapi 有時也會只添加印度蔗糖，而不放任何香料。偶爾，chukku kaapi 也會只加入印度蔗糖與薑熬煮，這兩種飲品的其他配方還會添加其他香料——依據不同地區，這種咖啡在每家每戶都會有不同的製作方式。有些人還會再加一些芫荽籽或丁香，所以放手實驗吧。

Cold Coffee

冰咖啡

這道簡單的冰咖啡飲品，是炎熱的印度夏天不可或缺的良伴。它其實就是一種咖啡奶昔，在印度全國咖啡館都可見。由於製作方式十分簡單，所以人們也常會在家中自己製作，許多人對這道咖啡的印象就是兒時最令人懷念的印度（Desi）飲品。

即溶咖啡 1 大匙

熱水 2 大匙

糖 ½ 大匙（視口味偏好）

全脂牛奶 1½ 杯

香草冰淇淋 ¼ 杯

將即溶咖啡倒入攪拌機，然後注入熱水讓咖啡溶解。

放入糖，啟動攪拌機數次，直到糖與咖啡的混合物微微起泡，糖也溶解混入。

倒入牛奶與冰淇淋，啟動攪拌機約 1 ～ 2 分鐘，直到飲品擁有豐厚泡沫。

注意事項：

想要做出經典印度冰咖啡的風味與質地，即溶咖啡與糖的挑選非常重要。由於即溶咖啡有經過脫水處理，所以一旦用攪拌機攪拌，就會做出更綿密且泡沫更豐厚的飲品。而糖則可以增加稠度，讓泡沫維持更久。當然，如果不想用即溶咖啡，也可以選擇義式濃縮咖啡或其他濃烈咖啡，但質地就會不同。有些做法會省略冰淇淋，有些則是直接用亞洲超市買得到的三合一咖啡，而不是一般的咖啡、糖加冰淇淋。使用三合一咖啡製作時，請將攪拌機的攪拌時間拉長 2 ～ 3 分鐘，因為攪拌時間愈長，冰咖啡的質地就會愈綿密。

爪哇精神下的
修養與創造力

時值 1696 年，荷屬東印度（Dutch East Indies）群島的爪哇島（island of Java）種植了阿拉比卡咖啡，如今擁有約一萬兩千座島嶼的現代印尼，自那時便開啟了往後歷經數百年演化的咖啡種植與文化。

咖啡的俗稱之一就是爪哇（Java），這剛好也是印尼最大島嶼之一的名字，不過之所以如此，其實並非巧合。在咖啡歷史中，印尼多年來總是扮演著極為重要的角色。印尼是世上最大的群島，由一萬七千五百零八座島嶼組成，其中約有一萬兩千座島嶼有人居住。此處包含了超過三百個族群與文化，而關於咖啡豆的種植、採收、處理與沖煮的傳統方法就有數百種，許多方法也經過了好幾代的傳承。

歷史學家認為爪哇島是在 1690 年代由荷蘭人引進咖啡植株。生長於爪哇島的幾株咖啡樹隨後先是到了荷蘭的阿姆斯特丹植物園（Hortus Botanicus Amsterdam），接著作為禮物呈送給法國國王。法屬殖民的馬丁尼克島（Martinique）因此收到了一株咖啡幼苗，往後五十年之間擴展為一千八百萬棵咖啡樹。橫跨加勒比海、南美洲與中美洲廣大範圍內，大部分咖啡樹的遠祖根源都可追溯至爪哇。

爪哇的咖啡種植十分成功，因此帶起了其他眾多島嶼的咖啡種植發展，包括蘇門答臘島、蘇拉威西島（Sulawesi）與峇里島（Bali）。最初，所有在此區域培育耕作的咖啡都屬阿拉

比卡，因其風味與品質層次深邃。但是，東非在 1800 年代中期出現了一種稱為咖啡葉鏽病（coffee rust）的真菌疫病。到了 1876 年，這波災難性的疾病橫掃了印尼所有咖啡農田。

荷蘭因此引入了另外兩個咖啡物種：賴比瑞亞與羅布斯塔，其中的羅布斯塔比阿拉比卡具備抵抗咖啡葉鏽病更強的能力，而且更容易種植。因此，現今印尼主要生產的是羅布斯塔咖啡豆，也成為全球羅布斯塔的領先產國之一。印尼至今依舊種有賴比瑞亞，主要供應當地需求。

印尼的蘇門答臘島以阿拉比卡咖啡豆聞名，其風味獨特，往往有厚實口感與大地調性，而酸度通常偏低。這種味道主要源自傳統的後製處理法——濕剝（giling basah），這是一種源於此地區的濕式去皮技術。

印尼咖啡之所以知名，也是拜 kopi luwak（麝香貓咖啡豆）所賜。這種咖啡豆的生產過程，即是先由一種稱為椰子貓（palm civet）的小型哺乳類動物吃下咖啡果實，接著經過消化與排泄，再搜集咖啡豆並進行後續處理。另一種名氣較小的咖啡豆是來自蘇拉威西島的 kopi toratima（托拉帝馬咖啡豆）。這種咖啡豆來自當地的夜行動物，牠們會挑選成熟的咖啡果實食用，並在吃光果肉之後隨意吐掉種子，而農人再從森林地表尋找、搜集這些咖啡豆。

印尼在咖啡歷史具有難以衡量的重要地位，然而，也不應忽視關於殖民剝削的黑暗面。荷蘭因為咖啡豆貿易獲取巨大利益，但當地農人絕對沒有因為生產咖啡豆，而讓生活有所改善。

大約在 1830 年，荷蘭總督明令一道統治政策：「強制耕種」（Cultuurstelsel，印尼歷史學家稱之為 Tanam Paksa）。調升稅收的政策目的就是擷取荷屬東印度更多資源，讓荷蘭自

一系列戰爭陷入的經濟危機中脫困。爪哇人被迫劃分出一部分的耕地，轉而為殖民政府種植特定的經濟作物，例如咖啡。在強制耕種制度實施之前，荷蘭人早在 1700 年代就已經透過「帕拉亞岡系統」（Preangerstelsel），強行命令西爪哇（異他〔Sundanese〕族人的家鄉）帕拉亞岡（Parahyangan）地區的農人種植咖啡。

印尼在咖啡歷史具有難以衡量的重要地位，然而，也不應忽視關於殖民剝削的黑暗面。荷蘭因為咖啡豆貿易獲取巨大利益，但當地農人絕對沒有因為生產咖啡豆，而讓生活有所改善。

在荷屬東印度全境，原本自給自足的農人田裡，全種滿了等待出口的作物。村民因法令而與農地牢牢綑綁，也往往因此陷入赤貧：當作物欠收或遭受病蟲害襲擊時，許多人民還會陷入連續的饑荒。

當印尼人民的困境消息傳至荷蘭，人們開始大聲疾呼改革。因此，在 1800 年代中至晚期，強迫耕種的法令便漸漸移除。1870 年，荷蘭通過的土地法（Agrarian Law）明定唯有印尼人才可擁有土地，但外國人依舊可以向當地人租借土地。直到 1945 年，印度獨立宣言（Proclamation of Indonesian Independence）宣讀之後，一部分的當地農人也才開始獲得自家耕種農地的擁有權。

數代以來，咖啡已融入印尼人的日常生活，造就了極為多元的咖啡文化。鍋炒烘焙很常見（許多小村莊與鄉間依舊可見）。咖啡豆會裝在鍋中，以木柴升起的明火烘烤，然後用大型木磨機手動壓碎。有些地區還會在鍋中添加一片老椰子，有的則加些玉米粒、白米、糯米或綠豆。

在殖民時期，許多烘豆事業是由華裔的中、上階級人士營運。koffie fabrieks（咖啡工廠）則是販售 kopi bubuk（咖啡粉）。他們的烘豆機從歐洲引進，至今，許多第四或五代的工廠繼承人依舊以當時購入的機器烘焙咖啡豆。

如今，通常可以從街上的小販或小型社區型咖啡店買到咖啡。這些店家的名稱多元，例如在亞齊（Aceh）稱為 keude kupi，在爪哇與峇里島稱為 warung kopi，在蘇門答臘島有時會叫做 kedai kopi。不過，這些店家在品嚐咖啡、分享對話與觀察世界流轉方面，都有著彼此相似的文化。

在南爪哇的日惹，會在黑咖啡裡丟進一塊熱炭，做出飲品 kopi joss，理論上，這種做法能降低咖啡的酸味，讓腸胃更容易消化。

印尼咖啡的類型繁多。基本的沖煮咖啡稱為 kopi tubruk，單純就是將熱水倒入咖啡粉。在中爪哇的石油與柚木（teak）產地，有一種稱為 kopi kuthuk 的咖啡，會以糖熬煮得十分濃厚。在東爪哇的城市圖隆阿貢（Tulungagung），則是十分流行 kopi ijo（綠咖啡），咖啡店會直接購買未經烘焙的咖啡生豆，然後以陶鍋稍稍烘焙，最後沖煮出一杯帶有綠色調的飲品。

西蘇門答臘島普遍會喝 Kopi telur 或 kopi talua，即蛋咖啡；做法是將滾熱的甜咖啡倒在打發蛋黃上，最後再放上一片萊姆，有時會再撒上些許香草。一樣在西蘇門答臘島，還有由米南加保（Minangkabau）族人製作的 kawa daun；他們會將咖啡葉風乾且烘焙，然後做成以水浸泡咖啡葉的茶。南爪哇的日惹（Yogyakarta），有種飲品稱為 kopi joss，是在

黑咖啡裡丟進一塊熱炭做成，理論上，這種做法能降低咖啡的酸味，讓腸胃更容易消化。

　在中爪哇的北海岸小鎮拉森（Lasem），當地的男人會喝 kopi tubruk，接著他們會輕拍除去咖啡渣多餘的水分，再將咖啡渣與濃縮牛奶混合成漿糊，接著用牙籤或湯匙把漿糊在香菸上塗畫出美麗精緻的圖樣，例如花朵與印花等幾何圖樣。這類民間藝術在拉森稱為 ngelelet，在爪哇其他地區則叫做 nyethe。當香菸上的圖樣乾燥之後，就可以點火享用了。據說，咖啡漿糊能讓菸草增添一種辛香風味。

西爪哇咖啡種植園中，咖啡種植、採收與乾燥的所有階段都是人工處理，甚至一路到挑選出要烘焙的咖啡豆。

Kopi Rarobang

2
人份

堅果薑咖啡

印尼許多地區都會喝薑咖啡，這類咖啡的名稱包括 kopi Halia、kopi Jahe 或 kopi Goraka。摩鹿加群島（Maluku Islands ／ Moluccas）常常有印尼「香料群島」之稱，因為許多知名的料理辛香料都是源於此處，例如肉豆蔻與丁香。kopi Rarobang 是摩鹿加群島最大城市安汶（Ambon）的經典飲品，這種咖啡比香甜、滾燙的薑咖啡更具口感，因為最後會放上切片的當地野生堅果 kenari。

水 2 杯

新鮮薑 30 公克
（1 盎司），切片

肉桂棒 1 小根

丁香 2 顆

香蘭葉（pandan leaf）1 片

砂糖 40 公克（3 大匙）

咖啡粉 2 尖大匙
研磨尺寸：中

去殼 kenari 或
霹靂果（pili）1 大匙
（參考下方「注意事項」）

將水、薑、肉桂、丁香與香蘭葉放進平底鍋，轉開中至大火，攪拌之後蓋上鍋蓋，並煮至沸騰。使之持續沸騰，直到呈淺金黃色，大約需要 10 分鐘。

在鍋中倒入糖，並攪拌讓糖溶解。等再度沸騰時，將火轉小，並倒入咖啡粉。一邊攪拌，慢煮直到稍稍沸騰，離火。

靜置放涼，同時取出另一個小平底鍋，以火加熱。將 kenari 切片，並放入鍋中煎烤，直到堅果表面呈金黃色。透過小細篩網，將咖啡倒入杯中，最後放進煎烤過的堅果。

注意事項：
傳統上，此飲品必須使用原生於印尼東部的堅果 kenari。雖然常常有人稱之為印尼核桃，但其實 kenari 與一般核桃的差異很大。但是，霹靂果是絕佳的替代品。霹靂果在印尼之外更容易取得，kenari 與霹靂果是同一屬的不同物種——其實，霹靂果在印尼也稱為 kenari。第二順位的替代品則是松子。

ᮃᮘ Bajigur

香料椰奶

這是一種以椰奶為基底的飲品，由西爪哇的巽他人所創。傳統上，是由挑著長竹竿扁擔的小販販售，兩端各掛著一個容器，一頭裝著熱熱的香料椰奶，另一頭則是裝著可以搭配椰奶一起享用的煮過水果、豆類與堅果。

新鮮薑 30 公克（1 盎司）

椰奶 1 杯

水 1 杯

棕櫚糖（palm sugar）40 公克（3½ 大匙），若是固體，請切成薄片；也可換為紅糖

香蘭葉 1 片（打好結）

肉桂棒 1 小根

咖啡粉 1 尖小匙
研磨尺寸：中

鹽 1 小撮

以瓦斯槍直接炙燒用火鉗夾著的新鮮薑，直到出現一些小塊的焦色（如果手邊沒有瓦斯槍，可以略過此步驟）。接著，以木槌或杵搗壓薑，直到出現一些薑汁。

取出一個小平底鍋，倒入椰奶與水，接著再加入薑、棕櫚糖、香蘭葉、肉桂棒、咖啡粉與鹽。

開小火，持續攪拌，動作放緩，以避免椰奶油水分離。當表面出現小泡泡時，離火，取出鍋中的薑、肉桂棒與香蘭葉，並放入耐熱玻璃罐中。最後，謹慎地將香料椰奶濾入玻璃罐中。

注意事項：
依照傳統，Bajigur 是不含咖啡的，但如同許多飲品的配方，這道飲品也隨著不同家庭與地區變異出許多版本，近期，這道飲品通常都會加入咖啡。某些做法還會添加鮮嫩椰肉或棕櫚果肉，另外也有添加香茅或省略肉桂的做法。

Es Kopi Apulkat

酪梨冰咖啡

雖然酪梨在歐洲與北美洲地區常常當作蔬菜，但它其實是一種水果。在亞洲與中南美洲，很常將酪梨做成奶昔與甜點。而在印尼，會把酪梨、咖啡與煉乳混合攪打再加上冰塊，或是與冰塊一起攪打成新鮮冰涼的奶昔。

熟透酪梨 1 大顆

加糖煉乳 4 大匙

冰塊 80～100 公克（3 大顆）

新鮮牛奶或椰奶 ¼～½ 杯

煉乳（巧克力口味）少許
（參考下方「注意事項」）

義式濃縮咖啡 60 毫升
（2 液體盎司），放涼；
或即溶咖啡 4 尖小匙，並溶解
於水 ¼ 杯

冰淇淋 1～2 勺

你也需要：
攪拌機

舀出新鮮酪梨的果肉，並放進攪拌機，同時倒入加糖煉乳、冰塊與 ¼ 杯的牛奶或椰奶。

啟動攪拌機，攪打到質地如奶昔（應該可以輕易倒出）。如果太過濃稠，可以多加一點牛奶（質地會因為酪梨大小而有差異）。

在準備享用的玻璃杯中，繞圈倒入些許巧克力口味的煉乳（或巧克力糖漿），再倒入酪梨奶昔。接著，淋上義式濃縮咖啡，或以水沖開的即溶咖啡。

最後，在頂部放上一勺冰淇淋，如果想要，也可以再多淋上一些巧克力口味的煉乳。

注意事項：
在某些地區，這種飲品會將所有食材倒入攪拌機一起混合攪打，但印尼的現代咖啡館會如同此配方，做成傳統阿芙佳朵式的飲品。另外，如果找不到巧克力口味的煉乳，也可以用巧克力糖漿取代。

Kopi Serai

香茅咖啡

香茅咖啡在印尼全境都很常見。有時也會再添加其他香料，或是換個名稱。這種香茅咖啡的基底也包含薑，創造出怡人且十分平衡的風味。在印尼，往往會採用當地的紅薑，紅薑比白薑更強烈且帶有胡椒辣感。

水 1 杯

香茅 1 株，壓扁出汁再切碎

新鮮薑 1 小片（紅薑更好）

砂糖 1½ 大匙

咖啡粉 2 平大匙
研磨尺寸：中

將水、香茅、薑與砂糖倒入平底深鍋（要有鍋蓋），開大火。煮至沸騰之後，攪拌直到所有砂糖溶化。蓋上鍋蓋，並轉成小火，持續慢煮 10 分鐘。離火。

在鍋中倒入咖啡粉。靜置浸泡 3 ～ 4 分鐘，透過起司濾布或細篩網，將咖啡直接倒入杯中享用。

注意事項：

在印尼全境一萬兩千多座有人居住的島嶼中，常常可以看到添加著不同香料與水果的咖啡，許多類似的飲品也因此擁有很多名稱。東爪哇的香茅咖啡是在傳統飲料 wedang pokak 添加咖啡製成；wedang pokak 是混合了紅薑、丁香、肉桂、香蘭葉、香茅與其他香料做成的飲品。另外，kopi rempah（香料咖啡）則通常也是用差不多的食材做成，但會再加上爪哇辣椒、黑胡椒或 kapulaga（圓形的白色爪哇小豆蔻）。試著找出你最喜歡的香料與糖的組合吧。

將咖啡帶往
新世界的
推手

1492 年，哥倫布（Christopher Columbus）自卡斯提爾王國（Kingdom of Castile）揚帆啟航，登陸美洲，從此進入一段漫長的跨大西洋殖民時期，兩端世界的人與作物開始相互交換。

咖啡首度踏入西班牙的確切時間並不明朗。也許是在西班牙與葡萄牙大多地區受到穆斯林統治超過七百年的那段時期，也就是自西元 700 年開始的安達盧斯時期（al-Andalus period）。到了此時期的尾聲，咖啡開始在阿拉伯半島與穆斯林世界迅速擴散，因此咖啡也可能延伸觸及西班牙沿岸。也有其他傳說認為是土耳其移民帶起咖啡的流行，雖然後期文獻也有西班牙與葡萄牙全境以「法式風格」飲用咖啡的紀錄。目前可以確定的是，咖啡在西元第二個千年的中後期於歐洲及其殖民地之間的擴散，幾乎是勢不可擋。然而，西班牙卻沒有如同其他歐洲地區歷經好幾波的咖啡浪潮，至少，西班牙人最初大多偏好飲用巧克力與葡萄酒。

不過，帶著咖啡植株遍及世界各角落的就是西班牙船艦。在西班牙殖民美洲大陸時期，即十五至十九世紀初，西班牙帝國版圖遍及絕大部分的中美洲、北美洲與南美洲，以及許多加勒比海域的島嶼。1492 年，由哥倫布帶領的西進航程，讓歐洲與美洲有了首度的交流。哥倫布由卡斯提爾王國（今日為西班牙的一部分）贊助，奠定了西班牙征服者往後的貿易路線，並揭開西班牙與其他歐洲國家殖民美洲的序幕。

在接下來的數世紀中，植物、作物、思維、科技（與疾病）在各大洲之間的交流，即是我們所熟知的哥倫布大交換（Columbian Exchange）。咖啡由歐洲探險家與殖民者在美洲與加勒比海域大量引進，其中也包括了西班牙人。到了十八世紀，西班牙殖民者在墨西哥種下了第一批咖啡樹，而另一個具領先地位的咖啡產國——瓜地馬拉，也很有可能是由西班牙耶穌會傳教士種下第一批咖啡樹。1700 年代晚期，也是由西班牙傳教士自墨西哥將咖啡植株引進菲律賓。反觀西班牙當地，此時的咖啡消費漸增，但速度相對緩慢。西班牙與葡萄牙的殖民地隨後延伸至非洲，在非洲施行咖啡殖民耕作則遠遠更為便利。

雖然我們並不確定第一位將牛奶倒入咖啡的到底是誰，但西班牙早在十六世紀初期就已經會將牛奶與巧克力混合。因此，café con leche（咖啡加牛奶）會成為西班牙最受歡迎的飲品之一，甚至在其他西班牙語國家迅速流行（至今依舊頗為熱門），其實並不令人訝異。

咖啡牛奶通常是 1：1 的熱牛奶與黑咖啡——沒有奶泡。牛奶與咖啡之間的比例也可以調整，例如添加更多牛奶的 café manchado（瑪奇朵咖啡），以及牛奶比例較少的 café cortado（科達多咖啡）。另外，café solo（黑咖啡）類似義式濃縮咖啡；源自瓦倫西亞（Valencia）的 café bombón（糖咖啡），則是黑咖啡再倒入一些加糖煉乳。西班牙一般家庭則會以摩卡壺沖煮咖啡，一種爐式義式濃縮咖啡沖煮壺（請見第 39 頁）。咖啡與酒做成的

Solo TANTUM	**Largo** LONGUM	**Semi Largo** SEMILONGUM	**Solo Corto** TANTUMTANTILLUM	**Mitad** NE QUID NIMIS
Entre Corto IN MEDIAS RES	**Corto** TANTILLUM	**Sombra** UMBRACULUM	**Nube** NUBECULA	**No me lo ponga** HORROR VACUI

飲品在西班牙也不罕見。例如西班牙各地都喝得到 carajillo（卡拉希洛），而且還有無數的在地版本；基本款為咖啡加白蘭地、檸檬皮與糖。

帶著咖啡植株遍及世界各角落的就是西班牙船艦。在西班牙殖民美洲大陸時期，即十五至十九世紀初，西班牙帝國版圖遍及絕大部分的中美洲、北美洲與南美洲，以及許多加勒比海域的島嶼。

許多拜訪過西班牙的人應該都會注意到，西班牙的 café solo 與其他地區的義式濃縮咖啡雖然看起來很像，但味道很不一樣。這兩種咖啡的差異早在咖啡豆抵達咖啡館之前就已經出現，但只有少數人才知道。據說，這是因為咖啡豆在西班牙內戰（Spanish Civil War）期間變得稀缺，而讓 torrefacto（西班牙文，即糖炒烘豆法，字面意思為「烘焙」）漸漸流行。

雖然我們並不確定第一位將牛奶倒入咖啡的到底是誰，但西班牙早在十六世紀初期就已經會將牛奶與巧克力混合。因此，café con leche（咖啡加牛奶）會成為西班牙最受歡迎的飲品之一，甚至在其他西班牙語國家迅速流行（至今依舊頗為熱門），其實並不令人訝異。

糖炒烘豆法是讓咖啡豆裹上一層焦糖，咖啡豆的體積會因此增加 20%。世界各地許多國家的烘豆師都會使用這種裹糖法，並認為如此能防止咖啡豆氧化、補償蒸發作用，並掩蓋瑕疵豆的味道。

糖炒烘豆法的咖啡豆會沖煮出一杯顏色深沉的咖啡，並帶有一層厚厚的克麗瑪且口感較苦。如同在東南亞，這種烘豆風格已深深滲入西班牙咖啡文化，並連帶影響人們的口味；糖炒烘豆法至今依舊盛行。即使精品咖啡在西班牙也竄升崛起，但全國傳統咖啡館與雜貨店都還是找得到傳統糖炒咖啡豆、一般烘焙咖啡豆，或是糖炒與一般咖啡豆的 mezcla（混豆）。

西班牙馬拉加（Málaga）中央咖啡館（Café Central）的磁磚牆面，上面包含了能滿足各種口味偏好的咖啡飲品，如西班牙黑咖啡、一般黑咖啡，以及右下角空杯帶點幽默感的「no me lo pongo」（請別再給我咖啡了）。

123

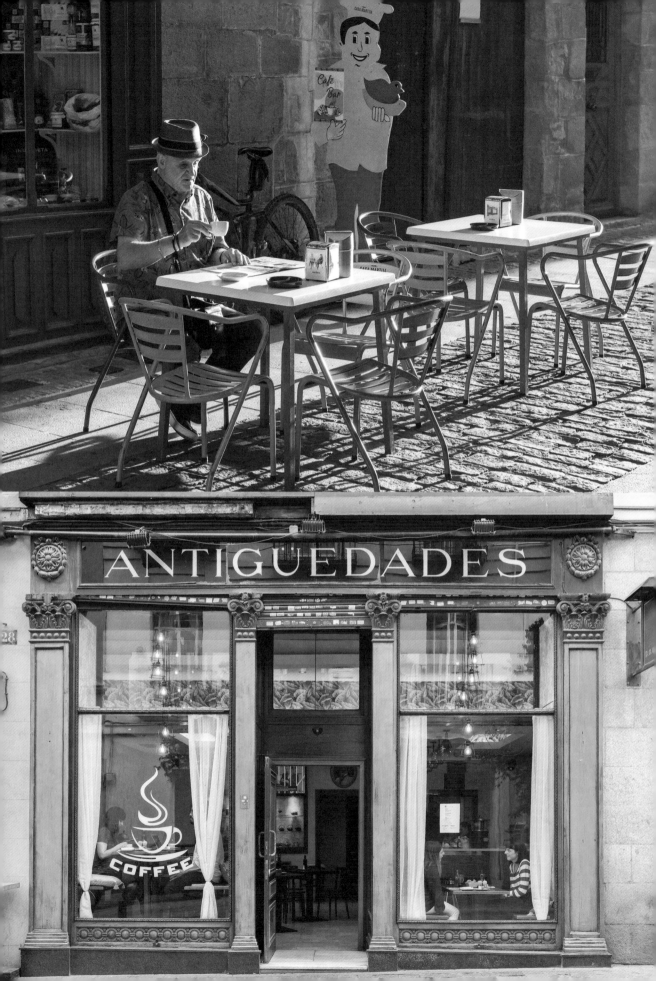

Carajillo

白蘭地咖啡

雖然 carajillo 的真正起源不為人知,但民間傳說這是來自西班牙軍隊會在咖啡裡倒進白蘭地,以獲得液體勇氣(el coraje)。今日,這道咖啡調酒在所有西語國家都很常見,雖然標準做法是添加白蘭地,但也有人會使用威士忌、干邑白蘭地(cognac)、蘭姆酒、茴香酒或里蔻四三(Licor 43)。

白蘭地60 毫升(2 液體盎司)

咖啡豆2〜3 顆

糖 1 小匙

義式濃縮咖啡 120 毫升
(4 液體盎司),或現煮黑咖啡

準備一個金屬牛奶壺(奶鋼),倒入白蘭地、咖啡豆與糖。建議使用長柄打火機,謹慎地為白蘭地混合液體點火(見下方「注意事項」)。5〜8 秒鐘之後,把一個平底深鍋倒扣在牛奶壺上,將火熄滅,接著把酒倒入玻璃杯中。

最後,注入咖啡,並在上桌前攪拌。

注意事項:
若是沒有經驗,不建議在家進行在酒精點火的行為,但如果還是打算嘗試,可以先看看網路上的教學影片,有助於維護安全。一人份的酒量不多,所以可能會看不見火焰,或幾乎看不見。這道調酒飲品在西語國家有眾多版本。為白蘭地點火之前,也可以試試多加一小根肉桂棒或一點點檸檬皮,或是換成任何喜歡的酒類。

Cremat

蘭姆香料咖啡

這是一種加泰隆尼亞（Catalonia）的傳統飲品。據說，體內流淌著音樂並帶著蘭姆酒從古巴回來的水手們，都會喝這種飲料。傳統上，每當蘭姆香料咖啡被點燃以燒除些許酒精時，就會響起一種當地曲調哈巴奈拉（habaneras），而人們會一面唱起這些民間歌曲。

蘭姆酒 1 杯

糖 1 大匙

肉桂棒 1 小根

咖啡豆 2 大匙

檸檬皮 1 小片（5 公分）

橙橘皮 1 小片（5 公分）

濃咖啡 1 杯

你也需要：
小型耐熱陶鍋、小型金屬平底
鍋，或小型荷蘭鑄鐵鍋

如果手邊就有小型耐熱陶鍋，可以直接使用。否則，也可以換成小型金屬平底鍋或小型荷蘭鑄鐵鍋。這是因為鍋子的口徑夠寬，比較容易為酒精點火。

將蘭姆酒、糖、肉桂棒、咖啡豆與柑橘皮倒入鍋中。謹慎地點火，並持續攪拌 3 ～ 5 分鐘，讓風味滲入液體，同時也可燒除些許酒精。

接著，倒入一杯沖煮好的咖啡，同時熄滅火焰，持續攪拌咖啡直到火焰完全消失。一旦火焰全滅，就可將咖啡倒入杯中。

注意事項：
製作這道飲品時，請格外小心。雖然不建議任何人在家裡的廚房點火，但如果熟悉這類點火料理方式，十分推薦製作這道美味飲品。如果想要嘗試，極度建議在室外進行，並詳閱安全用火的指示，也一定要使用防火手套與長柄防火器具。

Café Leche y Leche

煉乳科達多

字面意思就是「咖啡牛奶加牛奶」，這道甜味咖啡飲品源自特內里費（Tenerife），此處是西班牙加那利群島（Canary Islands）的最大島。這道飲品的製作方式就是將煉乳與科達多咖啡混合，科達多咖啡是一種很受歡迎的西班牙濃縮咖啡飲品，即 1：1 的咖啡與蒸奶（有時也稱為 cortado leche y leche）。

牛奶 60 毫升（2 液體盎司）

煉乳 2 大匙

義式濃縮咖啡或濃咖啡
60 毫升（2 液體盎司）

以義式濃縮咖啡機的蒸奶棒、奶泡機或雪克杯（緊急時）製作蒸奶。

在小玻璃杯的底部倒入煉乳。接著，將咖啡輕輕倒入杯中，別翻攪起底層煉乳。最後，注入蒸奶，並在頂部以湯匙放上奶泡。飲用前請充分攪拌。

注意事項：
這道飲品源自於一種加那利群島流行的調酒，南方稱為 barraquito，北方叫做 zaperoco。可以多加一個一口杯的里蔻四三與一塊檸檬。萬一手邊沒有里蔻四三，換成另一種香草利口酒就可以了。如果省去蒸奶，只用 1：1 的咖啡與煉乳，就是另一道來自瓦倫西亞的西班牙經典飲品 café bombón（糖咖啡）。

咖啡、蘭姆酒與革命

1791 年，聖多明哥（Saint-Domingue）89％的人口都是受到奴役的非洲人，其中許多皆於蔗糖與咖啡種植園工作。在意識到人數占有優勢之後，他們開始抗爭並摧毀種植園，為世界第一個黑人統治的共和國鋪好建立道路，而這個國家就是海地。

加勒比群島海域面積超過百萬平方英里，通常包含十三個獨立國家與十七個獨立領土。在 1492 年哥倫布啟程之後，便開啟了一條連結歐洲與美洲的航線，隨之而來的西班牙、英國、荷蘭與法國殖民者，在加勒比海地區造成了巨大的變遷。

咖啡是在 1700 年代早期由法國與荷蘭人引進加勒比海地區。咖啡樹種植於馬丁尼克與聖多明尼哥（法國殖民的伊斯巴紐拉島，如今為海地與多明尼加共和國）諸島，還有主要大陸蘇利南（Suriname）。在美洲各地普遍流傳的咖啡起源傳說，是法國海軍軍官德克利（Gabriel de Clieu）在大約 1720 年歷經漫長的航行，為法屬殖民地馬丁尼克島帶來幾株咖啡幼苗。

僅僅五十年過後，馬丁尼克島成為孕育一千八百萬棵咖啡樹的家鄉，據說許多都是德克利帶來的咖啡幼苗的後代。如今，橫跨加勒比海地區、中美洲與南美洲的大部分原始咖啡樹，其祖先都是馬丁尼克島最初那幾株咖啡幼苗。然而，也有人認為聖多明尼哥島與蘇利南的咖啡引進時間應該稍微早一些，而且早在德克利帶著幼苗來到馬丁尼克島之前，美洲就已經進入了咖啡流行狂潮。

剝削殖民的制度改變了加勒比海地區，從原住民人口大量消失到奴隸交易的出現，再加上經濟作物墾殖園制度的產生。直到十九世紀明令違法之前，究竟有多少非洲人因跨大西洋奴隸交易來到美洲？這項問題歷史學家們至今依舊有所爭論。可以確定的是，數以百萬計的人來到了加勒比海地區，其中許許多多人都進入蔗糖或咖啡墾殖園工作。

到了 1791 年，聖多明尼哥島成為美洲地區最多產的殖民地；這座小小的島嶼產出全球咖啡豆總量的一半，蔗糖數量也占全世界的 40％。島上 89％ 的人口都是奴隸。同年，奴隸開始反抗、摧毀墾殖園與耕作莊園，並擊退了法國人。歷史上稱之為海地革命（Haitian Revolution），進而讓所有法屬領地的奴役制度瓦解，這是史上單次最成功的奴隸革命事件。

墾殖園摧毀之後，法國擁有者開始逃竄到古巴、牙買加、路易斯安那（Louisiana）與波多黎各，他們帶著技術與知識來到這些地方，鞏固了當地咖啡產業的成長。雖然伊斯巴紐拉島始終從未回到曾經的全球咖啡產國領先地位，但海地與多明尼加共和國現今都是加勒比海地區最大的咖啡產國。當地大多數的咖啡農地，都是由小型農地主人所經營。

進入十九世紀之際，古巴成為主要咖啡產國之一。在接下來兩個世紀之中，古巴農民在受到貿易禁令、貿易夥伴徵收關稅、颶風、古巴革命、蘇聯解體（其為主要貿易夥伴），以及全球咖啡價格下滑種種影響，產量歷經高峰與衰退的起伏。在波折興衰中，古巴人喜愛咖啡的熱情仍舊不減。在咖啡產量衰退期間，古巴也有進口咖啡，以滿足國內需求。

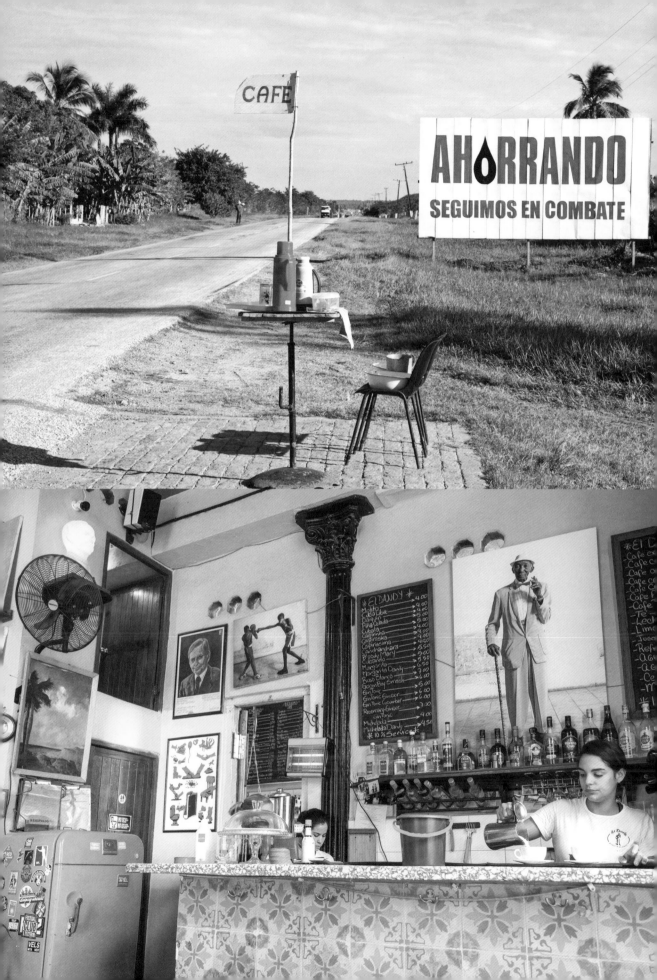

糖蜜是一種蔗糖精煉過程的副產品，而人們就是在加勒比海地區蔗糖墾殖園發現糖蜜能進一步發酵與蒸餾。蔗糖蘭姆酒最終逐漸成為加勒比海地區的正字標記，尤其是牙買加，蘭姆酒與咖啡之間的浪漫情緣可謂由來已久。

自 1962 年的古巴飛彈危機（Cuban Missile Crisis）之後，古巴便飽受糧食安全問題的困擾，同時必須以補貼價格配給食物。咖啡豆也在食物配給名單中，若想取得更多咖啡，不是要在黑市中尋找，就是必須在不受禁止時，到公開市場用非常高的價格購買。為了增加配給咖啡豆的供應量，許多都還會在咖啡豆袋中摻入鷹嘴豆或菊苣。

儘管供應匱乏，但古巴咖啡文化的根源深邃。雖然拉丁美洲大多地區的傳統咖啡沖煮方式，都是以濾布進行濾沖，但現今的古巴人偏愛用 cafetera（爐式義式濃縮咖啡壺，或稱為摩卡壺，部分加勒比海地區會稱為 greca）沖煮咖啡，或直接喝義式濃縮咖啡。最受古巴人歡迎的咖啡就是 cafecito，在古巴以外的地區稱為古巴咖啡（café cubano ／ Cuban coffee）；先以少量義式濃縮咖啡與紅糖一起打發成焦糖色的 espuma（泡沫），接著倒入剩下的咖啡時，這些泡沫會同時跟著液面上升到杯頂。由於古巴的咖啡豆長期處於十分昂貴且難以大量購入的情況，所以某段時期中，旅館與咖啡館會將用過的咖啡渣賣給 puestos de cafés（咖啡小攤）與更廉價的咖啡店，而這類店家會將咖啡渣做成 café de recuelo（回沖咖啡）。

牙買加擁有全球知名的咖啡產地藍山（Blue Mountain），在伊恩・佛萊明（Ian Fleming）筆下的英雄詹姆士・龐德（James Bond）口中，藍山咖啡是：「世上最美味的咖啡」。數十年以來，藍山咖啡因其風味與較低的苦味而廣受讚譽。然而，在 1980 年代時，牙買加政府發現市面上售出的藍山咖啡豆，竟比實際生產出的數量更多。為了防止珍貴的咖啡豆可能受到難以挽回的名譽減損，牙買加政府努力推動將藍山咖啡豆成為國際認證的地理標示保護（protected geographical indication，PGI）產品。

儘管供應匱乏，但古巴咖啡文化的根源深邃。雖然拉丁美洲大多地區的傳統咖啡沖煮方式，都是以濾布進行濾沖，但現今的古巴人偏愛用 cafetera（爐式義式濃縮咖啡壺，或稱為摩卡壺）沖煮咖啡，或直接喝義式濃縮咖啡。

如今，百分之百藍山咖啡豆必須經過嚴格規範的確認流程，以確保咖啡豆來自特定的源頭且具有特定的品質。咖啡生產者花了數十年打造藍山咖啡的招牌，不僅認證咖啡豆在出口時會以木桶裝盛，也在超過五十個國家取得註冊商標。早在精品咖啡豆擁有產地履歷可追溯、源自單一產區又具高品質等特色之前，藍山咖啡就已經以這些標準建立出高度名聲。始終將目光放在高品質的日本咖啡市場，自 1970 年代就已是藍山咖啡的忠實買家，藍山咖啡豆總產量的 80% 都是賣到了日本。

糖蜜是一種蔗糖精煉過程的副產品，而人們就是在加勒比海地區蔗糖墾殖園發現糖蜜能進一步發酵與蒸餾。蔗糖蘭姆酒最終逐漸成為加勒比海地區的正字標記，尤其是牙買加，蘭姆酒與咖啡之間的浪漫情緣可謂由來已久。雖然，知名的香草咖啡利口酒媞亞瑪麗亞（Tia Maria）如今是在義大利生產，但最初是在牙買加以當地的咖啡豆與牙買加蘭姆酒生產。

許多拉丁美洲國家的咖啡一直以來都是用濾布沖煮，再以糖添加甜度。這裡的咖啡濾沖方式有許多稍有不同的版本。有的版本中，濾布會放在木架上，例如哥斯大黎加的 chorreador；有的則是將濾布放在沖煮壺上，如墨西哥、波多黎各與多明尼加共和國的 colador de café。多明尼加共和國當地還有一個非常容易令人混淆的咖啡名稱：medio pollo，字面意思為半隻雞，但其實是一種添加些許牛奶的義式濃縮咖啡。

在海地與部分拉丁美洲國家中，有時在烘焙完成後，咖啡豆會再裹上一層糖。許多國家都有採用這種烘豆法，從西班牙到東南亞皆可見，這種方式除了可以增添風味、防止咖啡豆氧化，還能增加產品體積。

馬利咖啡（Marley Coffee）是牙買加種植藍山咖啡豆的咖啡園之一（下圖）。一位加勒比海地區的先生正在以全玻璃製的 KŌNO 品牌虹吸咖啡壺慢慢沖煮一杯咖啡（第 136 頁）。

Esencia de Café

咖啡濃縮液

在拉丁美洲與加勒比海地區全境，許多人都會製作這類簡單的咖啡濃縮液，並隨身攜帶，只要與幾匙熱水、冰水或牛奶混合即可享用，就像是一種自家製作的即溶咖啡。咖啡濃縮液通常會直接放在桌上，想喝咖啡的人可以自己調配出個人偏愛的濃淡。

淺至中焙的咖啡豆 5 尖大匙
研磨尺寸：細

熱水（90℃／194℉）1 杯

你也需要：
Metal cafetera gota a gota
（金屬滴濾咖啡壺）、木製攪拌
勺（參考下方「注意事項」）

將咖啡粉倒入濾杯，輕拍濾杯，使咖啡粉層平坦。如果濾杯有壓盤可以插入，此時請先放入，輕輕地下壓壓盤，並注入足夠浸濕咖啡粉的熱水。如果咖啡粉尚未吸飽水分，再倒入更多熱水，然後用木製攪拌勺持續攪拌，直到水分全部濾出。

接著，將剩下的熱水從咖啡粉上方，以畫小圓的動作讓水緩慢且穩定地注入。靜置，等待咖啡濾出。咖啡粉研磨粒徑須足夠細緻，咖啡要等待數分鐘才能全數濾出。萃取出的咖啡液應該會是厚實如糖漿且濃烈。如果並非如此，請試著讓咖啡粉研磨得更細一些。

可以舀出幾小匙的咖啡濃縮液，然後與熱水、冰水或牛奶混合，試著找到自己偏愛的濃度。

請將剩下的咖啡濃縮液倒入乾淨的密封罐，並冷藏保存。咖啡濃縮液在至少一週之間都可享用，所以也能一次做出更大量的快速簡易版即溶咖啡。

注意事項：
如果手邊沒有金屬滴濾咖啡壺（請見第 140 頁），也沒有越南或南印度風格的金屬濾杯（與滴濾咖啡壺的設計類似），可以使用任何一種滴濾咖啡壺。這道咖啡飲品以淺焙精品咖啡豆製作最佳。進行萃取之前，也可以在咖啡粉中加一些糖，這樣就可以做出甜味咖啡濃縮液。有的人會直接把即溶咖啡粉與水混合攪拌成濃縮漿，或是持續把咖啡熬煮成濃稠的濃縮液。

Cafecito

古巴咖啡

在摩卡壺於古巴盛行之前，此處多是一種稱為 cafecito 的咖啡（古巴以外的地區稱為古巴咖啡），這種咖啡以滾水、糖與咖啡粉製作，並以 colador（濾布）過濾。今日，古巴地區的深焙咖啡粉則大多以摩卡壺或義式濃縮咖啡機沖煮，最先流出的數滴咖啡會加糖攪打成厚實的 espuma（泡沫）。

深焙咖啡豆 1 小杯
以摩卡壺沖煮（製作方式請見第 142 頁），或做成雙份義式濃縮咖啡（製作方式請見第 36 頁）

粗粒蔗糖（demerara sugar）
1 小匙

把糖倒入準備盛裝咖啡的杯中。

若是使用摩卡壺，請將開始上升至上壺的 ½ 小匙咖啡，淋在杯中的糖上。接著，再將摩卡壺放回火上繼續沖煮。如果使用的是義式濃縮咖啡機，則是把最初萃取出的幾滴咖啡，淋在杯中的糖上，剩下的咖啡則換成用經過預熱的小容器盛裝。

取出一只湯匙或小型打蛋器，把糖與咖啡猛力攪打成漿糊狀，並繼續打出微微起泡——這就是你的 espuma（泡沫）。

當剩下的咖啡都萃取完成之後，請小心地倒入剛剛打發出的泡沫中，當咖啡杯裝滿時，大部分泡沫應該會是漂浮在頂端。

若是糖與咖啡的漿糊並未攪打出泡沫或咖啡量太少，泡沫就會重重地沉在杯底。請馬上停止將咖啡繼續注入，並以額外多一點的咖啡再次攪打出泡沫。

注意事項：
也可以換成一般的蔗糖，但粗粒蔗糖會多一點糖蜜風味。如果喜歡加上牛奶，最後可以在頂端倒一點點熱牛奶，或是些許奶泡。攪打糖與咖啡的時間會比想像中長一些——需要花點時間才會出現泡沫。

咖啡因在巴西
走過的高潮與低谷

在 1930 年代的聖保羅（São Paulo），為了防止咖啡豆產量過剩導致全球價格崩盤的風險，當局從咖啡農人手中買進咖啡豆，並直接倒入海中、燒毀，或拿來為火車與小鎮發電。

巴西是全球最大的咖啡產國，此地位在過去約 150 年之間大多屹立不搖。據說，巴西與咖啡之間的淵源始於一位派駐法屬圭亞那（French Guiana）以解決邊界紛爭的軍官帕赫塔（Francisco de Melo Palheta），他在 1727 年返回巴西時，偷偷帶回了一些咖啡。故事中，帕赫塔與法國總督的妻子發展出一段浪漫情愫，在帕赫塔回國時，總督妻子贈送他一大把花束，而咖啡豆就藏在其中。

這個故事很有可能誇大其詞（或完全杜撰），但巴西的咖啡豆產量的確大約在這個時間點開始上揚，並在接下來的數十年之間，成為全球領先產國。到了 1850 年，巴西的咖啡產量已經超過全世界的一半；到了二十世紀初期，甚至達到了全球其他國家產量總數的五倍。

最初，巴西大型 fazendas（咖啡墾殖園）的勞力為非洲奴役，透過跨大西洋的奴隸貿易來到巴西。奴隸制度在 1888 年正式禁止之前，約估有四百至五百萬非洲人被強行運至巴西，而許多人就是被帶到墾殖園內工作。

奴隸制度廢止之後，墾殖園莊主階級（以奴役制度經營並擁有墾殖園，而累積龐大財富的富裕菁英）將目光轉向移民勞力，主要源自歐洲。多數情況中，這些移民受到的待遇與數十年前的奴隸幾乎一致。也由於墾殖園的惡劣工作條件，義大利開始禁止由巴西政府資助的農業勞工移民計畫。結果，巴西再度為了墾殖園尋找來自其他地區的勞力。

二十世紀初期的日本，正開始意識到人口過剩的問題。由於天災、戰爭、自給自足的嚮往與人口成長等因素綜合之下，再加上海外從軍者的歸國，加劇了人口過剩的問題。種種變遷造成人民貧困，尤其是鄉間的農人。此時的日本當局正尋找著人口問題的解方，而巴西的咖啡農地需要勞力，因此兩國政府達成了協議。來自日本的眾多「咖啡移民」，最終都在巴西安頓下來。直到今日，日本境外擁有最多日本後裔的國家就是巴西。

巴西咖啡產量之高，甚至導致全球咖啡豆售價的衰退，而咖啡也因此變成更多消費者買得起的商品。因此，到了 1800 年代後期，全球對於咖啡豆的需求依舊不斷上升。然而，在進入下一個世紀之際，巴西不斷增加咖啡產量的作法，終於超越了需求，而咖啡售價也終於下滑到了等同於（或低於）生產成本。

1906 年，災難迫近——由於豐收，咖啡豆產量幾乎等於上一次採收量的兩倍。聖保羅省當局開始介入，實行一項穩定物價措施計畫：政府先是以合理的價格收購當年的咖啡收成，靜靜保留直到價格回穩，接著僅釋出全球市場的咖啡需求量。這項措施阻止了咖啡豆價格進一步下滑，而在接下來數十年之間，穩定物價措施成為巴西政府的關鍵咖啡政策。

傳統巴西咖啡只會經過簡單沖煮，而且多不添加額外調味或奶類。唯一例外只有加了牛奶的 café com leite（咖啡牛奶），

在早餐時段十分受歡迎。

不幸的是，這項政策只是將問題往深淵又推近了一些——咖啡產量持續提升，其他咖啡產國開始將巴西降低出口的措施，視為增加外銷的機會。咖啡豆供應過剩一路延續，並在經濟大蕭條時期到達頂峰，世界咖啡危機就此爆發。此時，巴西政府依舊在可能的情況下持續向農民購買咖啡收成。為了防止國家主要出口產品價格崩坍，過剩的咖啡豆存貨便盡數燒毀、傾倒於海中，或壓製成磚用於提供火車動力。尼泰羅伊（Niterói）與桑托斯（Santos）小鎮也會將過剩的咖啡豆用於住家發電——品質較低的咖啡豆會與瀝青混合做成磚頭，其成本在當時甚至比煤炭低。

世界許多其他咖啡產區中，多數家鄉的咖啡收成都用作出口，僅留下少數當地人民與農人自用。反觀巴西，高產量代表也有讓國內咖啡消費成長的足量咖啡豆，雖然大多留在國內市場的咖啡豆品質較低。今日，巴西是唯一擁有高咖啡消費量的咖啡產國。

1800 年代中期，巴西的咖啡有時會添加大蒜，據信這種咖啡有治療酒醉與疾病的功效。現在，巴西最受歡迎的咖啡飲品為 cafézinho（葡萄牙語的小杯黑咖啡）。在咖啡墾殖園，現烘咖啡豆會研磨成細粉，沖煮之後以濾布過濾，做出一杯十分濃烈的咖啡，今日往往會添加許多糖後飲用。

cafézinho 是巴西人好客的關鍵環節——不論何時，都會以小杯黑咖啡歡迎來訪的客人，在餐廳或加油站也往往會免費或低價供應 cafézinho。在巴西較大的城市中，辦公室幾乎都會提供咖啡托盤，員工們可以聚在一起快速補充一些咖啡因，打破一天中的單調。由於咖啡是日常生活如此重要的一環，有時在巴西電影的演職員列表中，甚至也會列上咖啡服務人員的名字。巴西葡萄牙語的早餐為 café da manhã，字面意思就是早晨咖啡。

咖啡吧會為站立在吧檯邊的顧客提供 cafézinho——巴西人一整天會喝好幾杯咖啡，所以咖啡通常不是坐下來悠閒飲用。這些站立式的咖啡吧通常也會供應 cachaça，這是一種巴西蔗糖烈酒；一旁往往會附上點心 Pão de queijo（樹薯與起司做成的小麵包棒）。

除了小巧且濃烈的 cafézinho，在巴西也喝得到一般的黑咖啡，稱為 café puro。傳統巴西咖啡只會經過簡單沖煮，而且不添加額外調味或奶類。唯一例外只有加了牛奶的 café com leite（咖啡牛奶），在早餐時段十分受歡迎；通常是熱牛奶與濃咖啡各半，如果想要只添加一點點牛奶，也可以點一杯 café pingado（源自葡萄牙語的 pingo，意為「一滴」）。

目前巴西為世界咖啡消費量第二大的國家，咖啡扮演著每日生活不可或缺的角色。咖啡常常做成外帶杯，而且通常是以濾布濾沖而成（第 148 頁下圖）。

Cafézinho

人份

小杯黑咖啡

小巧、濃烈且添加大量糖分，這道瞬間醒腦的咖啡是尋常巴西人一天中，經常按下的暫停鍵。他們會以濾布沖煮極細的現磨咖啡，做出一杯豐厚、飽滿且口感絕佳的咖啡。

水 180 毫升（6 液體盎司）

咖啡粉 20 公克（4 平大匙）
研磨尺寸：細

糖 1 小匙

Pão de queijo（樹薯與起司做成的小麵包棒，隨杯附上）

你也需要：
濾布與濾架（參考下方「注意事項」）

如果濾布是第一次使用，請先徹底洗淨，並放置在濾架上。將咖啡杯放在下方，準備盛接濾出的咖啡。

將水與糖倒入小平底深鍋，並煮至即將沸騰，一面攪拌讓糖完全溶解。將火轉小，倒入咖啡粉，接著攪拌 15 秒鐘。離火。

將咖啡倒入濾布。如果手邊沒有濾架，可以在過濾期間，以手把抓握固定濾布。

如果你偏好 com leite（添加牛奶），可以視口味倒入熱牛奶。上桌時，最好能與 pão de queijo 一同享用。

注意事項：
濾布在濾除許多細小顆粒的同時，比起一般濾紙，通常能讓更多咖啡油脂通過。因此，相較於常見的濾沖咖啡，會有不一樣的風味與口感。使用濾布時，每次用畢都要以清水（不要用肥皂！）洗淨，這點非常重要，並在等待下次沖煮的期間，請保持濾布濕潤。如果會常常使用，請泡在水中並放入冰箱；如果偶爾才會用上，請在濾布依舊濕潤時，放入冷凍庫保存。

墾殖園、
家族農地與
小眾市場

1900 年代初期，墨西哥革命（Mexican Revolution）的軍隊中，稱為 soldaderas 或 adelitas 的女性擔任活躍且從旁輔助的角色。有的女性負責管理軍營廚房，為即將奔至前線的士兵們沖煮一壺壺注入活力的咖啡。

墨西哥是有機咖啡的先驅，也是全球最大的有機咖啡出口國之一。此處絕大多數的咖啡都是樹蔭種植（shade-grown）的阿拉比卡，咖啡農地通常都是小型且家族經營，占地往往不超過 2 公頃。

不過，墨西哥的咖啡種植狀態並非一直都是如此。咖啡大約在十八世紀尾聲引進墨西哥。商業咖啡生產最初以南部維拉克魯斯州（Veracruz）為中心，但很快就傳播至鄰近恰帕斯（Chiapas）、瓦哈卡（Oaxaca）與普埃布拉州（Puebla）的山區，當地原住民會將咖啡與糧食作物一起種植。

自 1850 年代起，由於土地私有化的法令啟用，富有的墨西哥人與境外菁英因此將政府宣稱的無主土地註冊所有權，許多原本自給自足的原住民被驅逐出社區共有土地，並被迫在他們建造的大型咖啡 fincas（墾殖園）從事剝削勞動。雖然仍舊有少數小型農地生產咖啡，但許多區域已主要由墾殖園占據。

墨西哥革命（1910～1920 年）之後，許多墾殖園都因為農地重劃而解散，土地則授予原住民與農人社區使用。這些地塊有很大一部分都已有發展良好的咖啡樹，因此 campesinos（農民）便繼續耕作並收成咖啡。

墨西哥咖啡協會（Instituto Mexicano del Café）於 1958 年成立，旨在支持與推廣咖啡種植。咖啡協會提供小型農民與他們的大規模經營對手，各式技術、貸款、運輸補助、市場行銷與後製處理的協助。同時也幫助確保咖啡出口價格可以維持穩定高價。另一個目標則是尋求更多種植咖啡的地塊，並幫助已經種有咖啡的土地能提高生產力。當然，咖啡產量開始隨之漸漸增加。

1982 年，墨西哥債務危機導致小型農人的補助逐步撤回。幾年後，墨西哥咖啡協會中止，留下的巨大缺口很快就被掠食性的郊狼盯上。孤立無援的農民由於無法獨立將咖啡豆送往市場，沒有任何運輸管道的他們別無選擇，唯有答應任何郊狼的出價。再者，絕大多數的墨西哥咖啡農人都屬於原住民社群，無法以西班牙語溝通也使得他們幾乎不可能獨自打進國際咖啡豆貿易。這類郊狼為人所熟知的剝削手段，包括採購咖啡豆時，以食物取代合理的費用。

不過，漸漸出現其他中介單位與咖啡生產者共同成立的組織，包括工會、合作社與出口組織，嘗試補足咖啡協會留下的巨大空缺。墨西哥小型咖啡農人仍持續與全球低價及其他貿易難題搏鬥。為了對抗部分難題，許多墨西哥咖啡農人轉而將出口咖啡豆投入小眾市場，例如有機與公平貿易，試著尋求更好的售價。

Café de olla（壺煮咖啡）與傳統可可的沖煮方式相似，會以陶壺慢煮，並添加 piloncillo（未精煉的糖）。在壺煮咖啡的

民間傳說中，它是墨西哥革命的燃料，為前線的士兵注入能量。

咖啡農人也同樣必須面對氣候變遷與咖啡葉鏽病，咖啡葉鏽病的病原菌為真菌駝孢鏽菌（*Hemileia vastatrix*），西班牙語稱為 la roya。由於許多墨西哥咖啡農人以有機種植生產阿拉比卡咖啡豆，這類咖啡極易受到咖啡葉鏽病影響，一旦感染，便可能導致咖啡樹的損害，有時甚至會蔓延整片咖啡園。咖啡樹需要好幾年的時間才能結果，因此，剷除病重的咖啡樹並重新種植新植株，對小型農地而言並不可行。情況許可時，墨西哥農人會嘗試重新種下抗葉鏽病的咖啡品種。

在墨西哥，傳統咖啡沖煮方式與其他拉丁美洲國家類似——先是浸泡，接著以 colador de tela（濾布）過濾。雖然墨西哥當地也會飲用義式濃縮咖啡，但這種浸泡式咖啡通常在 mercados（戶外市場）或 panaderías（麵包店）就買得到，有單純黑咖啡，也可以添加熱牛奶，一旁會附上 pan dulce（甜麵包）。墨西哥與其他部分拉丁美洲地區的咖啡豆有時會裹糖烘焙，類似西班牙的 torrefacto（糖炒烘豆法，請見第 123 頁），或新加坡（請見第 210 頁）與馬來西亞的 kopi。墨西哥維拉克魯斯州的傳統 café lechero（咖啡牛奶）的製作，是高高舉起一壺裝滿熱牛奶的金屬壺，緩慢穩定地注入裝著少量咖啡的小玻璃杯中。高處注入的方式可以為咖啡與牛奶注入空氣，進而起泡。

數千年以來，可可一直是古代中美洲的飲品之一。肉桂雖然並非墨西哥的原生植物，而是相對十分晚近才引進此地，但如今，肉桂也經常出現在眾多傳統食譜中，包括咖啡。café de olla（壺煮咖啡）與傳統可可的沖煮方式相似，會以陶壺慢煮，並添加 piloncillo（未精煉

的糖）。在壺煮咖啡的民間傳說中，它是墨西哥革命的燃料，為前線的士兵注入能量。

由於許多墨西哥咖啡農人以有機種植生產阿拉比卡咖啡豆，這類咖啡極易受到咖啡葉鏽病影響，一旦感染，便可能導致咖啡樹的損害，有時甚至會蔓延整片咖啡園。

在許多西班牙語國家都很受歡迎的 carajillo（卡拉希洛），在墨西哥也不例外。傳統上，這道飲品會用咖啡與白蘭地製作，但在墨西哥往往會換成里蔻四三（西班牙利口酒，以柑橘、香草莢與許多祕密香草植物與辛香料添加風味）。

近年來，墨西哥都市的咖啡館也開始供應美式咖啡、義式濃縮咖啡與卡布奇諾，但在維拉克魯斯州的 Gran Café de la Parroquia 咖啡館（請見第 163 頁），依舊可見服務生穿梭在樓層間，從金屬咖啡壺為客人杯中注入 café lechero（咖啡牛奶）。

Coffee Liqueur

咖啡調酒

這道調酒是將蔗糖蘭姆酒與濃烈咖啡及香草混調而成，是一道十分美味的飲品。但在墨西哥維拉克魯斯州，咖啡與蘭姆酒的調酒配方，則因知名的商業咖啡利口酒卡魯哇（Kahlúa），有了永垂不朽的地位。

糖 1 杯

濃烈熱咖啡 1 杯

香草莢 1 根

蔗糖蘭姆酒 2 杯
（參見下方「注意事項」）

你也需要：
一只乾淨且容量為 750 毫升
（25 液體盎司）的玻璃瓶，有
可密封的瓶蓋，例如利口酒瓶

將糖放入一只大型水壺，接著倒入熱咖啡。攪拌讓糖完全溶解。切開香草莢，把刮出的香草籽放入咖啡，攪拌，然後靜置放涼。

在玻璃瓶頂放進一個漏斗，倒入蘭姆酒。玻璃瓶中也放入一些香草籽。

一旦咖啡冷卻，就可以倒入玻璃瓶中，密封，並放在涼爽、黑暗的地方，靜置浸泡 3 ～ 4 週。

注意事項：
可以依據自己的喜好選用白蘭姆酒（light rum）、黑蘭姆酒（dark rum）或添加香料的各種蘭姆酒。黑蘭姆酒有添加糖蜜風味。另外，如果想要多一點焦糖風味，也可以把一般砂糖換成紅糖。

Café de Olla

肉桂咖啡

3-4
人份

這道傳統咖啡據說可以追溯至墨西哥革命，這是為前線士兵準備的飲料。肉桂咖啡先以招牌陶壺 café de olla（這道飲品也因此得名）沖煮，接著以肉桂添加辛香感，並以 piloncillo（未精煉蔗糖）提升甜度，同時也能平衡滾煮咖啡所產生的苦味。

水 3 杯

墨西哥肉桂棒 1 根

Piloncillo（未精煉蔗糖）
60～100 公克
（2～3½ 盎司）
（參考下方「注意事項」）

深焙咖啡粉 6 平大匙
研磨尺寸：中至粗

Pan dulce
（甜麵包，隨杯附上）

你也需要：
耐火的無鉛陶壺（參見下方
「注意事項」）、濾紙或濾網

將水、肉桂棒與 60 公克的未精煉蔗糖（約為圓錐的 ¼），一起放入壺中，開大火。煮至沸騰，並讓蔗糖完全溶解。在不會燙傷的情況之下，嘗一下味道，如果喜歡甜一點，可以多加一些蔗糖。

將火轉小，慢煮 10 分鐘，然後關火。靜置放涼 2 分鐘。倒入咖啡粉，徹底攪拌。靜置 5 分鐘，以完全浸泡。

使用濾紙、細篩網，或襯上起司濾布的普通篩網，以預熱過的奉壺盛裝，也可以直接倒入杯中。

隨杯附上剛出爐的 pan dulce（甜麵包）。

注意事項：
在墨西哥，部分咖啡豆會在烘焙期間裹上一層糖。這種做法能為咖啡豆添加苦味與增加強勁力道，所以如果打算使用經過一般烘豆法的咖啡豆，可以選用深焙咖啡豆，以盡量貼近糖炒烘豆法的風味。據說，陶壺有增添咖啡風味的效果，但如果手邊沒有，也可以使用一般的鍋子或平底深鍋。piloncillo（未精煉的蔗糖）因為擁有糖蜜風味，所以十分重要，但如果實在遍尋不著，也可以換成黑糖（dark brown sugar）——記得把用量降低一些。

從火山至
香草墾殖園

1825 年，夏威夷歐胡島（Oʻahu）的總督波奇酋長（Chief Boki），自倫敦的參訪旅程準備回國，途經巴西時帶上了此處的咖啡植株，並在馬諾亞山谷（Mānoa Valley）建立了夏威夷第一座咖啡園。

　　整片太平洋叢聚了數以千計安居著人類的島嶼。雖然許多群島分別為獨立的國家，但根據位置或文化的親近程度，大約可以劃分為三大群島：密克羅尼西亞（Micronesia）、美拉尼西亞（Melanesia）與玻里尼西亞（Polynesia）。玻里尼西亞三角（Polynesian Triangle）涵蓋了超過一千座島嶼，居住於此區域的人們在語言、文化及傳統方面皆分享著不少共通點，並且統稱為玻里尼西亞人。一般而言，玻里尼西亞包括夏威夷、紐西蘭、薩摩亞（Sāmoa）、東加（Tonga）、大溪地（Tahiti）等等島嶼，許多地區都剛好落在咖啡豆帶，即北緯 25 度與南緯 30 度之間擁有理想咖啡生長氣候的區域。

　　雖然許多玻里尼西亞島嶼都種有咖啡，但其中以夏威夷尤其著名。夏威夷群島在 1800 年代初期種下首批咖啡植株，一路發展至今，成為世界聞名的咖啡產地。到了 1840 年代，當地政府甚至允許土地稅以咖啡豆繳交。如今，幾乎所有夏威夷主要大島都有種植 kope（咖啡），但其中位於夏威夷大島（Big Island）的 Kona 產區，幾乎可以說是國際間優質咖啡豆的代名詞。Kona 咖啡豆生長於火山坡地，往往須以最頂級的價格才能購得。

　　Kona 咖啡豆通常是以手工採收。之所以能夠如此，一部分也是因為能夠種植咖啡的地塊有限，例如相較於巴西等大型產國，這也代表 Kona 咖啡豆的產量並不高。出了夏威夷，其實鮮少看得到 Kona 或其他夏威夷咖啡豆的販售。另一個原因，則是由於夏威夷為美國的一州，所以必須支付咖啡農人美國最低薪資。較高的人力薪資與成本使得咖啡豆價格比其他產區更高——來自夏威夷的咖啡生豆平均每磅約為美金 20 元，反觀精品咖啡生豆的平均售價則是落在每磅美金 1.90 ～ 3.50 元（2020 年）。兩相比較之下，不難看出咖啡農地勞力的真實成本，也凸顯出其他咖啡產國勞力薪資可能存有潛在的不平等。

　　Kona 產區的採收通常是在每年的 11 月，而且自從 1970 年開始，此時也會舉辦 Kona 咖啡文化節（Kona Coffee Culture Festival）以慶祝收成。此時，會為獎學金比賽得主 Kona 咖啡小姐（Miss Kona Coffee）加冕，也會請專業評審為 Kona 產區的眾多咖啡生產者進行盲品與評分；稱為杯測（cupping，請見第 254 頁）。

　　原生於澳洲的夏威夷豆（Macadamia nuts）在 1800 年代引進夏威夷，很快便融入夏威夷當地料理。由於夏威夷豆與咖啡的生長條件雷同，兩種作物便常常種植於相同的農地與產區。在今日夏威夷群島之間，可以輕易地找到添加夏威夷豆風味的咖啡。此處也經常將咖啡入菜或用於烘焙點心——當地的咖啡豆可謂甜鹹料理兩棲。

　　紐西蘭位於玻里尼西亞更南方，由於較冷涼的氣候，始終不是咖啡種植的關鍵產區。不過，原生於紐西蘭與其他太平洋島嶼的開花植物臭草屬（Coprosma）與咖啡屬，都屬於生物分類學的茜草科（rubiaceae），雖然這並不能

代表兩者之間有緊密的關係（茜草科擁有超過六千五百個物種），但是，早期來到紐西蘭定居的歐洲人，很快就發現臭草屬與咖啡屬結出的果實十分相似。

如同生長於夏威夷的夏威夷豆，香草也能在與咖啡生長環境條件相似的地區發展繁茂，所以兩種作物也會種植於同一個地塊。因此，大溪地人把香草莢丟進咖啡壺只是遲早的問題。

1830 年代，業餘地質學家與農學家克勞佛（J. C. Crawford）從英國移居至澳洲與紐西蘭，並在 1877 年於溫靈頓哲學協會（Wellington Philosophical Society）分享了一篇論文，論文中提到了臭草屬的物種，毛利語（Māori）稱為 karamū。他的論文開頭就提到了擁有細緻風味的咖啡源自於 karamū 的豆子，接著詳細敘述他對另一個臭草屬物種進行的實驗，此物種的毛利語為 taupata。他採收了果實，去掉果肉，然後進行種子的烘焙，並記錄：「進行烘焙與研磨的過程中，其散發出咖啡香氣，做成一杯咖啡之後，成果似乎十分令人滿意。」毛利人也會食用這些原生植物，但方式不同：吃食果實，或是做成 rongoā（毛利人的傳統藥材）。

法屬玻里尼西亞也有種植咖啡。部分法國海外收成就是來自其中的五個群島，並在 1800 年代成為法國保護區。大約在同一時期，法國在這些島嶼引進了香草，香草也成為大溪地的主要出口作物。

雖然許多玻里尼西亞島嶼都種有咖啡，但其中以夏威夷最為著名。夏威夷群島在 1800 年代初期種下首批咖啡植株，一路發展至今，成為世界聞名的咖啡產地。

如同生長於夏威夷的夏威夷豆，香草也能在與咖啡生長環境條件相似的地區發展繁茂，所以兩種作物也會種植於同一個地塊。因此，大溪地人把香草莢丟進咖啡壺只是遲早的問題。今日，法屬玻里尼西亞全境的咖啡往往都會添加香草風味，頂端再放上一點新鮮椰子鮮奶油（有時也會淋上些許大溪地當地蜂蜜）。

夏威夷的品牌 Kauai Coffee 的招牌草裙舞女郎，在一杯熱騰騰咖啡的煙霧中漫舞，宛如一位化身自神燈的精靈，問道：「想要來杯咖啡嗎？」

Coconut Vanilla Coffee

椰子香草咖啡

香草與咖啡約在十九世紀期間雙雙引進法屬玻里尼西亞。此後，兩者都以程度不同的出口目的進行種植，而日常能夠取得的咖啡、香草與椰子都開始影響太平洋島嶼的當地料理。

香草莢 1 根

不甜椰奶 1 罐，400 毫升
（13.5 液體盎司）

蜂蜜 3 大匙

黑咖啡 1 杯（單份）

切開香草莢，並刮出香草籽，放入一個小平底深鍋（香草莢也一併放入鍋中）。倒入椰奶，然後以小火慢煮。

以攪拌器攪拌，讓香草籽均勻分布於椰奶中，2～3 分鐘過後，離火，倒入蜂蜜並徹底攪拌，靜置放涼。

沖煮一杯黑咖啡，接著依個人口味偏好倒入一點點香草椰奶。依據使用的椰奶品牌不同，可能會有油水分離的現象。為了防止這樣的情形發生，可以倒入攪拌機攪打數分鐘，讓飲品乳化並起泡。

如有剩下的香草椰奶，可以倒入乾淨的密封罐（香草莢也可以放進去），並放在冰箱冷藏，可保持數日。

注意事項：
這道飲品包含了十分實用的香草椰奶製作方式，任何咖啡都可以添加，但也可以直接把切開的香草莢丟進法式濾壓壺與咖啡一起沖煮。在正常沖煮過程之後，可以依口味偏好，倒入一點點椰奶或鮮奶油。這道咖啡無須添加糖，但如果真的嗜糖，可以如同大溪地人加一些當地蜂蜜。

講究、喫茶店與咖啡文化

1888 年，日本第一間喫茶店（kissaten，傳統咖啡館）於東京開幕。在接下來的一世紀中，喫茶店致力於精品咖啡沖煮精神，讓日本贏得優質咖啡的國際聲譽。

當咖啡在大約 1700 年來到日本之時，並沒有立即融入當地人的口味。在咖啡開始受到總部位於長崎的荷蘭商人與貿易商的喜愛後，才逐漸在日本社會有了一席之地，最初，日本人主要因為咖啡的療效或異國新鮮感而嘗試。出生於1749年且受人尊崇的詩人大田南畝（Ōta Nanpo）便說過相當知名的一句話：「某次在紅髮人（荷蘭人）的船上，有人推薦我 Kauhii（咖啡）。這些豆子烘焙得深黑且強烈，但有加一點糖。咖啡散發著焦燒的氣味，我真的是無法忍受它的味道。」

美國波士頓大學（Boston University）的人類學教授瑪莉·懷特（Merry White），曾在她的著作《日本的咖啡日常》（*Coffee Life in Japan*）詳細描述，1860 年代後的明治時期（1868 ～ 1912），喝咖啡的習慣已經延伸到了鄉村，當地有種稱為 koohiito 的產品，這是一種粗製即溶咖啡，混合了咖啡粉與糖的小球（有時也會當做小朋友的零嘴），可以直接丟進熱水，泡開即可享用。

咖啡的消費習慣到了 1900 年代早期才算真正養成。此時正是人稱日本爵士歲月的大正時代（1912 ～ 1926）。在明治時代之前，西方文化在日本變成一股風潮，但是名為大正民主的自由運動，進一步將西方文化轉化為一股新的日本現代美學。在此時代，喫茶店（kissaten，傳統咖啡館）開始四處開張，モーニングセット（mōningusetto，晨間套餐）也逐漸流行，這是一種西式的簡易早餐，附有茶或咖啡、厚切吐司（有時會附上紅豆泥，尤其是在名古屋一帶）、蛋，可能也會有水果、沙拉與魚。

各式各樣風格的喫茶店一一竄出，有些主打餘興節目、音樂、提供酒飲，或甚至如同經營情色場所，但也有純粹專注於咖啡製作的藝術。當地對於各種咖啡沖煮方式的著迷，進而孕生出形形色色專精於特定沖煮法、獨家配方豆等等主軸的喫茶店。

懷特等人也表示，代表日本的こだわり（kodawari，講究）哲學，正是喫茶店文化的關鍵之一。こだわり意味著追求完美、專注於細節、精準與高品質等，我們所熟知的日本人特點。如此的哲學也應用於咖啡領域的各層面，從製作創新的咖啡設備，到選擇コーヒー豆（kōhī mame，咖啡豆），再到沖煮方式等等。專注於品質的精品咖啡運動逐漸成形，而今日的日本正是全世界公認的先驅。

現今，手沖、虹吸與冰滴等日式咖啡沖煮法，在日本境外的精品咖啡館也都相當受歡迎。懷特也寫到，日本人最初認為義式濃縮咖啡過於機械化而缺乏手工感，但如今，日本的義式濃縮咖啡也有了獨有的こだわり。

日本與巴西早期的聯繫，便是兩個國家咖啡產業後續發展的關鍵。二十世紀初期，日本人口過剩的問題導致了就業機會缺乏與隨之而來的貧困，尤其是鄉村地區的農人。此時的日本當局試著積極解決此問題，而巴西在 1888

年廢除奴役制度後（請見第 146 頁），咖啡農地急需勞工，雙方政府因此達成了協議。在接下來短短數十年之間，二十四萬的日本人移居巴西，其中許多人開始進入咖啡墾殖園工作。

在咖啡沖煮設備方面，日本具備品質與創新的引領地位。單單是日本的 Hario 與 Kalita 兩個設備品牌，就在全球國際各咖啡師之間享有盛譽。

來到巴西之後，日本移民開始面對困苦的生活條件，受到的對待幾乎如同原先非洲人遭受的奴役。然而，許多日本移民仍舊想盡辦法脫離原本簽下的合約，最終更在此處安頓下來，並擁有屬於自己的咖啡農地。到了 1932 年，巴西當地屬於日本裔的咖啡農地便種有約六千萬棵咖啡樹。巴西反倒培育了日本打進咖啡豆出口市場的實力，並且在各式協議之下，免費供應日本大量咖啡豆。因此，咖啡以破竹之勢在日本全境迅速擴展，而咖啡館更是四處興起。這項協議計畫可謂十足成功，日本如今已是全球規模最大的咖啡市場之一，而日本當地進口量最大的咖啡豆產地仍舊是巴西。

由於第二次世界大戰導致的破壞，日本當地的咖啡進口與消費在 1940 與 1950 年代大幅下降。在咖啡豆稀缺的情況之下，市面出現一種不錯的替代品，由烘焙黃豆製成的大豆珈琲（daizu kōhī），至少從 1920 年代就有人如此飲用。雖然大豆珈琲已經大大失寵，但現在許多具匠人精神的日本生產商，正推出優質烘焙黃豆，試著讓這道一度掀起風潮的飲品再次流行。

1960 年代咖啡恢復進口之後，日本咖啡文化隨即指數性發展。1969 年，一間日本公司首創了缶コーヒー（kan kōhī，罐裝咖啡），能

夠隨時隨地享受一罐咖啡的特性，讓這類飲品迅速走紅。預先混合了咖啡、牛奶與糖的即飲罐裝咖啡就是十分流行的類型。

另外，炭焼きコーヒー（sumiyaki kōhī，炭燒咖啡）是一種 1900 年代初期就已經出現的傳統烘豆法。咖啡生豆會以燃燒木炭提供的熱源烘焙，因此能帶來一股特殊的風味。

而日本的冰滴咖啡（cold-brew coffee）也發展出享譽國際的聲望，尤其是在拓展至海外的京都風格咖啡。不像一般標準浸泡式的冷萃咖啡（cold brew）是將咖啡粉浸泡在冰水中數小時，這款飲品要以京都式的冰滴架製作，冰水是一次一滴緩慢滴落於咖啡粉上，進行極度緩慢的萃取。

京都式冰滴沖煮器叫做ダッチ コーヒー（datchi kōhī，荷蘭咖啡），許多人宣稱冰滴咖啡是荷蘭人在 1600 年代首度發明，為了讓漫長的航海旅程有可以長時間儲存的咖啡，不過今日可見的壯觀玻璃冰滴架是由日本所發明。這類玻璃冰滴架不僅日本全國皆有使用，在全球精品咖啡館也大多能看到。

另一種日式滴濾沖煮法則是ネルドリップ（neru dorippu，法蘭絨滴濾），但是使用熱水，並以法蘭絨濾布進行濾沖。雖然法蘭絨滴濾的來源不明，但巴西的傳統咖啡飲品 cafézinho 也是用類似的濾布沖煮。不過，自從 1960 年代，日本就很流行手沖咖啡，所以濾紙遠比濾布更為流行。手沖咖啡確實須花點時間等待，但如此的景象與體驗也是日式咖啡不可或缺的關鍵之一。

在咖啡沖煮設備方面，日本具備品質與創新的引領地位。單單是日本的 Hario 與 Kalita 兩個設備品牌，就在全球國際各咖啡師之間享有盛譽。1921 年，Hario 品牌在東京成立，從事耐熱玻璃製造商，而他們踏入咖啡世界則是

1948 年推出的虹吸壺（一種德國發明的沖煮法）。此品牌隨後也將 1930 年代由德國品牌 Melitta 發明的錐形濾杯進行修改，也就是如今幾乎無處不在的錐形 V60 濾杯。V60 濾杯杯壁的完美 60 度改變了水流方式，並延長了水分與咖啡粉的接觸時間。今日，在全球許多咖啡品飲家心中，V60 濾杯已經如同手沖咖啡的代名詞。

在日本的各式設計中，我們都能見到獨有的日式美學。許多日本咖啡館與咖啡吧都如同他們的咖啡器材一般極具風格——留白、簡約的室內設計，以毫無綴飾的幾何與單色調收尾。

ネルドリップ **Neru dorippu**

法蘭絨滴濾

相較於濾紙，法蘭絨濾布在擋下咖啡渣的同時，能讓更多咖啡油脂穿過。法蘭絨滴濾使用的沖煮水溫較低，因此萃取出較少帶有苦味的可溶物質。而高水粉比例可以沖煮出一杯豐厚、口感稠滑如糖漿、風味如葡萄酒一般的咖啡。法蘭絨滴濾甚至可以萃取出陳舊咖啡豆的風味。

咖啡粉 18 ～ 20 公克
（4 平大匙）
研磨尺寸：中粗

水 100 公克（3½ 盎司）

你也需要：
法蘭絨濾布與濾布手把（參考下頁「注意事項」）、咖啡壺（或是水瓶，但濾布須可以簡單安置在瓶口，同時不會讓濾布的一邊倚靠瓶壁）、細頸手沖壺（或其他任何可以倒出纖細、穩定水流的容器）、溫度計、電子秤

法蘭絨濾布第一次使用時，請先以熱水浸泡數分鐘，然後輕柔地抓住濾袋底部尖端並擰乾。

把濾布直接放在咖啡壺或水瓶上，如果尚未預熱，請透過濾布倒入熱水，讓濾布吸飽水分，並讓咖啡壺持續盛裝著一點熱水，以保持溫熱。為等等準備享用咖啡的杯子注入熱水。由於法蘭絨滴濾的沖煮溫度較低，所以請盡量讓容器盛接咖啡時已是溫熱狀態。

如果手邊沒有合適的咖啡壺，可以握著濾布手把，讓咖啡直接落入咖啡杯中。

煮沸一些水（理想上請使用細頸手沖壺），接著等待水溫降到大約 79℃（175 ℉）——沸騰之後大約等待數分鐘即可（請以溫度計量測）。如果並非直接以細頸手沖壺滾煮熱水，此時可以將沖煮水倒入水壺或其他準備進行手沖的容器。

把方才注入咖啡壺的熱水倒光，並將濾布重新放好，倒入咖啡粉。請勿壓實。把咖啡壺放在電子秤上，按下歸零。

開始將熱水滴落在咖啡粉層的中央，緩慢注水，一滴接一滴地，直接讓咖啡粉浸透水分。當第一滴咖啡從濾布滴落在咖啡壺中時，暫停注水。此時可以看到咖啡粉層會開始冒出一些小泡泡。等待泡泡破裂並留下些許小洞——大約需要 45 ～ 60 秒鐘。

繼續注水，注水速度十分緩慢，但請讓水流穩定地在咖啡粉層中心上下拉高並降低，直到咖啡粉層再度出現泡泡。然後，換成以繞圈的方式注水。過程中，請注意別讓水柱直接落在濾布上，始終保持落於咖啡粉層。

當咖啡粉層開始隆起，停止注水，等待粉層稍微降下時，並且在泡泡完全消退之前，再次開始注水。重複此步驟，直到電子秤的讀數達 100 公克（3½ 盎司）。讓濾布中的咖啡繼續慢慢滴入咖啡壺，滴光時，請倒掉咖啡杯中的熱水，並將咖啡注入杯中享用。

完成咖啡沖煮之後，請以熱水徹底洗淨濾布。將濾布浸泡在乾淨新鮮的水中，並放在冰箱冷藏；如果目前不打算頻繁地使用，請將仍然濕潤的濾布放進可重複密封的塑膠袋，然後保存於冷凍庫。下次使用濾布時，也請一樣洗淨再使用。

注意事項：

許多喫茶店都會依據不同類型的咖啡豆與烘豆法，發展出獨家沖煮比例與方式。各位可以將這道咖啡飲品當作起點開始實驗——如同許多喫茶店流行提供的飲品，這是很小一杯適合細細啜飲的咖啡。法蘭絨濾布一面光滑、一面稍微毛絨絨一些——有人認為，若是將毛絨絨的那面放在內側沖煮，會使得萃取出的咖啡油脂變少。兩面都可用，單純取決於個人喜好。另外，如果將毛絨絨面放在外側會沖煮出深沉且豐厚的法蘭絨滴濾，不妨試試。

コーヒーサイフォン Kōhī Saifon

虹吸壺咖啡

虹吸咖啡沖煮壺的發明地並非日本，但虹吸壺在日本變得相當流行，尤其是在精品咖啡館。雖然國際間（除了日本）的虹吸壺熱潮在 1900 年代逐漸退燒，但日本咖啡設備製造商與全球各地的咖啡品飲家（引進與訂購了高品質的日本製虹吸壺），為虹吸壺咖啡注入了復興的活力。

咖啡粉 25 公克（5 平大匙）
研磨尺寸：中粗

水 300 公克（1¼ 杯）

你也需要：
虹吸咖啡沖煮壺、溫度計、木製攪拌勺

依照製造商的說明組裝虹吸壺。以溫水浸泡濾紙後，放入上壺，並拉下鍊條讓它垂在下壺底部。

將水倒入下壺，並擦去任何壺外的水滴。輕輕地把上壺推進正確位置，然後把整組虹吸壺放在合適的熱源上。請遵循製造商的指南。

在加熱過程中，水蒸氣會開始膨脹並向上移動至上壺。當水全部來到上壺之後，水溫大約為 95℃（203 °F），此時便可以放入咖啡粉，並開始攪拌。

將火轉小一點點 —— 理想上，別讓水溫降低到小於 90℃（194 °F），否則咖啡會很快地向下流到下壺。停留大約 1 分 15 秒，然後離火。以木製攪拌勺輕柔地攪拌。

當水冷卻下來，下壺的真空壓力此時會開始反轉。創造出的一部分真空負壓，會將咖啡向下吸引，並穿過濾紙，而下壺開始盛裝沖煮完成的咖啡。

小心地拆開上壺，倒出咖啡並享用。

注意事項：
市面上有許多虹吸咖啡壺，所以可能要微調整這道咖啡的做法，以符合你的虹吸壺。虹吸壺也有不同尺寸，所以水量也須調高或減少，但請依據口味的濃淡偏好，維持在 1：12 ～ 1：15 的良好水粉比例。

コーヒーゼリー Kōhīzerī

3-4
人份

咖啡凍

自大正時代，西方食物與文化開始在日本變得時髦，而日本咖啡館也流行起供應甜點咖啡果凍。這類果凍甜點仿效歐洲的果凍組合，日本對於咖啡凍的執著便一路延續至今。不僅冰咖啡裡可能會多加一些方塊狀的咖啡凍，也可能與打發鮮奶油及紅豆泥一起做成聖代。

寒天或洋菜粉 1 小匙
（參考下方「注意事項」）

砂糖 3 大匙

水 175 毫升（¾ 杯）

兩倍濃烈的咖啡 295 毫升
（1¼ 杯）
（參見下方「注意事項」）

你也需要：
小型玻璃淺盤或果凍模

將洋菜粉與 ¾ 杯水在小平底深鍋中混合，轉至大火。煮至沸騰後立刻將火轉小，慢煮約 5 分鐘，同時持續攪拌。

倒入糖，攪拌讓糖完全溶解。離火。倒入煮好的咖啡。

將液體倒入盤中或模型中，靜置放涼。一旦冷卻，就放入冰箱冷藏，直到果凍凝固。

注意事項：
寒天與洋菜粉都是一種藻類凝固劑，但兩者的藻類不同，做出的果凍也有稍微差異。也可以使用一般的吉利丁（gelatin），其凝固力也會因品牌的不同而相異。如果想要在實際做出這道咖啡凍之前先行測試，可以慢滾 ¼ 小匙的洋菜粉與 ½ 杯的水 5 分鐘，然後靜置放涼且凝固。觀察凝固的一致性時，可以將冷卻的果凍切成方塊，如果太軟或無法凝固，便應該讓洋菜粉量加倍。另外，由於洋菜水會稀釋咖啡，所以必須將咖啡的濃度加倍。如果喜歡，也可以使用即溶咖啡。直接將咖啡容量換成水量，然後在加糖的時候，添加 2 ～ 3 大匙的即溶咖啡粉。

アイスコーヒー Aisu kōhī

冰咖啡

以熱水沖煮咖啡時，可以萃取出不同風味，這是因為不同物質會在不同的溫度溶出。日本精品咖啡館很流行將熱水沖煮的咖啡，經過快速冷卻做成的冰咖啡。熱水萃取出的咖啡在經過急速冷卻後，有助於保留咖啡風味，因為這種做法可以避免長時間冷卻過程可能發生的氧化作用。

冰塊 1 杯

淺至中焙的咖啡粉 30 公克
（6 平大匙）
研磨尺寸：中細

熱水 225 公克（8 盎司）
（91～96℃／195～205℉，
或剛沸騰）

奶精、鮮奶油或牛奶（視口味
偏好）

你也需要：
手沖濾杯或濾沖咖啡機、溫度
計、細頸手沖壺或任何可以
讓注入水流保持纖細、穩定的
容器

將冰塊放入盛接濾出咖啡的容器中，然後將濾杯放在上方。

將咖啡粉倒入濾杯，並輕拍讓咖啡粉分布平整。把整組放在電子秤上，按下歸零。

以細頸手沖壺往咖啡粉層注入 50 公克（1¾ 盎司）的熱水，讓咖啡粉層稍微起泡（稱為粉層膨脹）。

等待 30 秒鐘，接著以畫圓的方式將熱水緩慢注入咖啡粉層。請確保所有水流都是落在咖啡粉層上，而不是濾紙。

讓咖啡慢慢流到冰塊上。一旦萃取完成，就可以用一般糖漿增加甜度，也可以視口味偏好添加奶精、鮮奶油或牛奶。

注意事項：
各位可以採用任何熱水萃取咖啡，以及快速冷卻咖啡的方式。例如讓萃取出的義式濃縮咖啡直接落在冰塊上，期間請持續旋轉杯中的冰塊與咖啡，避免冰塊太快融化。如果採用濾杯或濾沖咖啡機沖煮，請將水量扣掉冰塊重。例如，如果通常使用 200 公克的沖煮水量，並打算添加 50 公克的冰塊，請將沖煮水量降低為 150 公克。此做法有助於避免咖啡稀釋。如果打算使用濾沖咖啡機，可將研磨尺寸調細，以避免萃取不足。這代表萃取時間大致相同，因為水量不變。

繁榮、
蕭條與
咖啡文化

1946 年，越南河內（Hà Nội）一位頗具創新精神的飯店調酒師，將蛋黃攪打如鮮奶油般絲滑起泡並倒入咖啡，取代了第一次印度支那戰爭（First Indochina War）期間稀缺的牛奶。

1857 年，咖啡引進越南北部，就在越南隸屬於法國後不久。然而，一直到 1975 年越戰結束之時，咖啡豆產量始終相對較低。經過將近一世紀的政治動盪與軍事衝突之後，一切終於在南北越正式統一於共產黨統治之下而告終。

在 1970 年代晚期至 1980 年代，越南政府透過經濟優惠政策與補助，支持咖啡產量提升。當越南經濟逐漸恢復時，咖啡農地也跟著迅速拓展，短短數十年之間，越南就成為全球第二大咖啡產國。

許多咖啡農人都搬到土地較肥沃的中央高地（Central Highlands）區域，此處的生長條件十分適合耕作咖啡。接著，全球咖啡價格在 1990 年代飆升，吸引了更多農人投入咖啡種植，更加鞏固了越南身為世界咖啡領先產國的地位。然而，在接下來的十年之間，國際咖啡市場情形反覆無常，由繁盛邁向了衰敗。當咖啡豆售價下滑時，許多越南農人甚至必須依靠食物救濟才得以生存。越南咖啡生產的快速成長，同時也導致了環境破壞與社會不平等的問題。

絕大多數的越南咖啡生產規模都不大，所以農人們選擇放棄阿拉比卡而種植羅布斯塔，其實十分合理。因為羅布斯塔需要的農地照料維護程度低於阿拉比卡，所以成本也較低。羅布斯塔對於害蟲與疾病也比較不敏感，氣候耐受程度也較高。如今，全球最大的羅布斯塔產國就是越南。

病蟲害對於羅布斯塔的影響之所以較低，是因為其擁有高咖啡因含量與低糖含量，但此特質也讓羅布斯塔較為強烈、更苦且甜感較低。在咖啡產業眼中，一般羅布斯塔並不具備優質風味，所以通常會刻意製成深焙咖啡豆（有時還會混合玉米）。

我們其實很難得知實際的烘焙配方，因為這是烘豆師的機密，但一般認為部分咖啡生豆會先裹上一層增添風味的食材，例如酒精、魚露、雞油、奶油、鹽與糖。當羅布斯塔咖啡豆與煉乳、椰子或薑等風味強烈或甜味食材一起沖煮時，咖啡豆本身的風味也能被進一步強化。現今越南偏好的咖啡就是羅布斯塔的風格——單一品種或混調配方豆——因為許多咖啡飲品製作方式都是以羅布斯塔獨特的風味為構想基礎所發展出來。

在西貢（Sài Gòn，胡志明市），咖啡沖煮往往都會使用濾布（與馬來西亞以及新加坡的 kopitiams 雷同，請見第 210 頁），稱為 cà phê vợt。這種沖煮方式如今已被視為老派作法；絕大多數的咖啡館如今都是使用 phin，這是一種來自法國的金屬濾網（phin 源自法語的 filtre）。

越式咖啡滴濾器與 cafetière à la de Belloy（也拼為 dubelloire、Débéloire 或 la débelloire）的起源各有不同說法，但兩者是同一種東西。

cafetière à la de Belloy 約在 1800 年發明自法國巴黎，也被視為是史上第一臺滲濾咖啡器。尚馮索‧柯斯特（Jean-François Coste）於 1805 年出版的《美食年鑑》（*Almanach des Gourmands*）還如此寫道：「任何真正的美食家都渴望使用 cafetière à la de Belloy」。合理推斷，在僅僅數十年之後，法國在征服越南的同時也引進了這種便於攜帶的咖啡沖煮器。

以 phin 沖煮出濃烈的咖啡之後，可以依照不同客人的喜好，做成 cà phê đen（黑咖啡，可以額外加糖），也可以做成 cà phê sữa（咖啡牛奶，混合了加糖煉乳），並且可以選擇 đá（冰）或 nóng（熱）。在越南南部，點杯咖啡時，店家通常還會再附上一杯茶。

雖然新鮮乳製品在今日的越南已經十分容易取得，但煉乳的風味已經與越南咖啡文化密不可分了。另一個一樣由法國引進的優格，也能與咖啡混合做成 sữa chua cà phê。

現在，越南首都河內依舊能見到法國占領的遺跡。河內法國區（French Quarter）的街邊充滿巴黎風情的咖啡館，每間都能點到美味的濃烈小杯黑咖啡。艾瑞卡‧彼得斯（Erica Peters）在她的著作《越南的胃口與抱負》（*Appetites and Aspirations in Vietnam*）提到，早在 1900 年代初期，許多法式料理的元素都已經融入越南食物，從麵包到咖啡皆是。歐式咖啡風格漸漸經過調整，已符合當地口味，例如以煉乳取代新鮮牛奶。

越南長久以來缺乏乳製品的原因很多，但最主要還是越南炎熱潮濕的環境欠缺冷藏設備，因此生產容易腐壞的牛奶製品不太可行。再者，食物匱乏與貧窮等問題，也意味著人們幾乎無法負擔這些法國人鍾愛的乳製品。雖然煉乳依舊被視為奢侈品，但其較易保存且可以少量使用。因此，越南地區大多數的咖啡都會添加煉乳，它也是既苦又強烈的羅布斯塔咖啡的最佳良伴。雖然新鮮乳製品在今日的越南已經十分容易取得，但煉乳的風味已經與越南咖啡文化密不可分了。另一個一樣由法國引進的優格，也能與咖啡混合做成 sữa chua cà phê。

我們其實很難得知實際的烘焙配方，因為這是烘豆師的機密，但一般認為部分咖啡生豆會先裹上一層增添風味的食材，例如酒精、魚露、雞油、奶油、鹽與糖。

另外，越南還有 cà phê cốt dừa（椰子咖啡），通常會事先將椰奶與冰塊攪打，然後再混合黑咖啡或 cà phê trứng（蛋咖啡）。蛋咖啡的誕生傳說來自一位河內的調酒師，在第一次印度支那戰爭期間為了尋求牛奶供應短缺的解方。天才如他，想到了先將蛋黃打發並添加幾個額外的食材，接著在黑咖啡頂部倒入這些綿滑的生蛋泡沫。

一間越南咖啡館。可見一整排單杯金屬濾杯摩肩擦踵地擠在眾多咖啡罐與煉乳罐的貨架上（前頁下圖）。一般而言，在準備將熱水注入濾杯中的咖啡粉之前，會將濾杯放在一只玻璃杯上。

Cà Phê Sữa

咖啡牛奶

使用 phin（越南濾杯）沖煮出的甜味濃烈咖啡。在越南北部與河內的咖啡牛奶會更濃烈一些，甜度也較低，稱為 cà phê nâu。雖然相對較小杯，但力道強勁——高咖啡因含量的羅布斯塔粉、大量的糖，以及長時間萃取出的濃烈風味。

羅布斯塔咖啡粉 20 公克
（4 平大匙）
研磨尺寸：細

加糖煉乳 1～2 大匙

剛煮滾的熱水 ½ 杯

你也需要：
單份越南濾杯

將咖啡粉倒入一只單份越南濾杯中（如果你的濾杯尺寸較大，請依比例增加分量），輕拍讓咖啡粉平整。

視口味偏好在咖啡杯倒入適量煉乳。把濾杯放在咖啡杯上，並確認放置狀態為水平。

以濾杯的壓盤下壓咖啡粉層，然後靜置濾杯。倒入幾匙剛煮滾的熱水，靜置 30 秒鐘。如果使用的是新鮮咖啡豆，此時應該會看到咖啡粉層起泡。

如果壓盤被咖啡粉層抬起了一些，輕輕下壓至水平，然後以熱水注滿濾杯。蓋上蓋子。

也可以把濾杯放在玻璃杯上，以觀察熱水注入多久之後，咖啡會開始滴落於杯中。第一滴咖啡大約會在 1.5～2 分鐘之間落下，最後一滴大約會是 5～6 分鐘之後，平均滴落速率約為一滴 3～5 秒鐘。若是速率過快，請加強壓實的力道（或下次研磨得細一些）。如果滴落得太慢，請放輕壓實的力道（或下次研磨得粗一些）。

攪拌混合咖啡與煉乳後，上桌享用。

注意事項：
直接沖煮於冰塊上製成的 cà phê sữa đá（冰咖啡），是氣候潮濕的東南亞十分常見的飲品。可以直接做成黑咖啡、以水或牛奶稀釋，或添加椰奶。如果沖煮過程中，發現咖啡一直沒有落下，可以檢查一下蓋子與濾杯是否形成了真空狀態。若是如此，請拿起蓋子，擦乾水分再蓋回。越南濾杯的濾孔大小並沒有標準尺寸，些許咖啡粉一同落入咖啡杯中的情形實屬正常。如果搖晃時會掉落太多咖啡粉，可以預先淋濕濾杯內部，讓咖啡粉順利黏著。

Cà Phê Trứng

蛋咖啡

傳說中，這種來自河內的甜味飲品，是第一次印度支那戰爭期間，為了取代法國殖民主深愛的卡布奇諾而發明。這種飲品是在羅布斯塔濃縮咖啡頂部，放上一層綿密、香甜且如蛋白霜一般的煉乳卡士達。

cà phê đen nóng
（熱黑咖啡）：
請參考 cà phê sữa（咖啡牛
奶，第 202 頁）的製作方法，
但不加煉乳

蛋黃 2 顆

加糖煉乳 4 大匙

糖 1 小匙

你也需要：
單份越南濾杯

咖啡萃取過程中，讓咖啡杯泡在熱水，以保持溫熱（參考下方「注意事項」）。因為小杯咖啡會在較長的萃取時間內快速冷卻。

在碗中倒入蛋黃、加糖煉乳與糖，以手持攪拌機的低速攪打，直到呈現輕盈、綿滑，並形成柔軟的尖端。

添加 1 小匙剛煮好的咖啡，再次攪打直到微微起泡。

把打好的蛋黃泡沫放在咖啡頂部，上桌時一旁請附上一只湯匙。品嘗前請充分攪拌。

注意事項：
如果手邊沒有越南濾杯，可以用十分濃烈的法式濾壓咖啡或義式濃縮咖啡取代。食用生蛋會有感染沙門氏桿菌（salmonella）的風險，請自行評估並承擔風險。有時市面上找得到經過巴式滅菌（pasteurized）的雞蛋，也可以用隔水加熱的方式攪打蛋黃與糖，並以搭配溫度計的方式將溫度提升至 72℃（160 ℉）。這種方式能盡量降低感染風險，但成果的稠度會不一樣。請全程持續攪打，以避免蛋黃開始變熟而成為炒蛋。一旦溫度到達 72℃，請立即將鍋子放進冰水盆，以免蛋黃繼續煮熟，接著就可以倒入煉乳。

Cà Phê Cốt Dừa

椰子咖啡

這道現代咖啡飲品在越南全國都可見，但在炎熱、空氣黏膩的河內最受歡迎。椰子咖啡冰涼、香甜且清新，能有效對抗潮濕環境——在一杯以越南濾杯沖煮出的濃烈越南黑咖啡上，堆滿新鮮椰奶冰沙。

加糖煉乳 2 大匙

椰奶或罐裝鮮奶油 4 大匙
（參考下方「注意事項」）

冰塊 1½ 杯

cà phê đen nóng
（熱黑咖啡）：
請參考 cà phê sữa（咖啡牛奶，第 202 頁）的製作方法，但不加煉乳

你也需要：
攪拌機、單份越南濾杯、調酒雪克杯

將煉乳、椰奶或鮮奶油，以及絕大部分的冰塊（只留下幾顆即可），倒入攪拌機。持續攪打，直到如雪一般。

以越南濾杯沖煮出越南熱黑咖啡，倒入雪克杯，並將剩下的冰塊一併放入，蓋上雪克杯的杯蓋，立即開始猛烈搖盪，直到咖啡起泡。倒入咖啡杯中。

將椰奶冰沙放入咖啡，如同玻璃杯中心的一座冰雪山峰。

上桌時一旁附上一只湯匙，以便飲用時攪拌。

注意事項：
這道咖啡飲品會需要未經稀釋的椰奶或鮮奶油，通常會是裝在罐頭，而非鋁箔包。另外，也需要擁有尖銳刀鋒的強勁攪拌機，才能打出恰當的冰沙。如果手邊沒有，可以直接購買剉冰，或是將一袋一般冰塊以手工敲碎。

Cà Phê Sữa Chua

優格咖啡

法國對於越南料理有著很深的影響，這道咖啡飲品就是絕佳的範例。在法國為越南引進優格之後（同時引進的還有奶油、牛奶與起司），越南就開始嘗試將不同的乳製品加入咖啡。我們不太清楚越南究竟是何時或何地開始在咖啡中添加優格，但如今，香甜且輕盈的越式優格已經是黑咖啡的常見夥伴。

cà phê đen nóng
（熱黑咖啡）：
請參考 cà phê sữa（咖啡牛
奶，第 202 頁）的製作方法，
但不加煉乳

加糖煉乳 2 大匙

原味全脂優格 ½ 杯
（參考下方「注意事項」）

碎冰 1 杯

你也需要：
單份越南濾杯

沖煮一杯 cà phê đen nóng（熱黑咖啡）。

在萃取過程中，將咖啡杯中的煉乳與優格輕輕混合。最後倒入一堆碎冰。

把沖煮好的咖啡淋在碎冰上，享用前攪拌混合。

注意事項：
這道咖啡飲品須準備原味優格。當然有加糖的甜味優格也可以，但請確保優格不是如希臘優格般厚實。在徹底混合之前，也可以多加一小撮鹽。許多咖啡師對這道飲品都有自己獨門做法，例如可以用攪拌機攪打咖啡與幾顆冰塊，然後在優格上倒入咖啡冰沙，或是把熱黑咖啡打發，如同韓國的 dalgona（蜂巢糖咖啡，請見第 232 頁）。

新加坡的
風味融合

在 1900 年代初期的新加坡，曾為英國殖民家庭料理三餐的海南移民，開始將閒置的空屋改建成稱為 kopitiams 的咖啡店。

新加坡的 kopitiams（咖啡店）嚴守傳統，保留了當地特殊的咖啡文化。kopitiams 中的 kopi 為馬來語（Malay）的咖啡，而 tiam（diàn，店）則是福建語（Hokkien）的商店。kopitiams 一詞在馬來西亞、泰國南部、汶萊與印尼等地也都看得到，而每個區域也都擁有各自獨特的咖啡店文化。

這類咖啡店通常是露天，屋頂裝有吊扇，以調控東南亞國家的潮濕天候。這是氣氛活躍的社交場所，老人們會在這裡聊天、玩遊戲、看報紙，並看著世界在眼前流動。一早日出之時，咖啡店就會充滿了老年人與年輕人，大夥兒一同啜飲著在地咖啡，一起看著這座熱帶島嶼的城市逐漸甦醒。

當地烘豆師會經過以融糖裹咖啡豆的訓練，這種方式改良自歐洲的 torrefacto（糖炒烘豆法）。一般來說，咖啡豆中也會混合玉米粒。在烘豆的最後階段，烘豆師會添加人造奶油，以確保裹糖咖啡豆冷卻之後不會彼此沾黏。這種烘豆法能強化廣泛種植於東南亞地區的羅布斯塔咖啡豆的風味。部分咖啡業界人士表示，這種烘豆法是為了掩蓋咖啡豆的瑕疵味，同時增加咖啡豆的重量，以提高每磅咖啡豆的利潤。無論這種說法真實與否，其特殊的風味已

成為當地咖啡文化不可或缺的一部分。

這種咖啡類型的正式名稱為 Nanyang kopi（南洋咖啡），這個名稱也十足顯示新加坡當地咖啡文化受到各式多元混合的影響。Nanyang 一詞翻譯自中文的南洋，中文以這個名詞代表東南亞氣候溫暖的土地。

新加坡的移民與殖民歷史，讓此處融合混雜了各式多元的料理文化。新加坡人主要由中國人、馬來人與印度人等族群組成。另外，由於從前的殖民歷史，今日的新加坡也可看到零星源自荷蘭與英國的影響，也許最明顯的就在食物方面。

約在英國殖民時期（1819 年），大量來自中國南部的人口移民至新加坡與馬來西亞。富裕的移民者開始逐漸占領當地各個產業，例如紡織業與香料貿易，而經濟狀況較不寬裕的移民則大多從事人力勞動工作。海南移民來到此處的時間相對較晚，在潮州人（Teochews）、福州人（Fuzhounese）、福建人（Fujianese）等等之後。當海南人來到新加坡之後，幾乎已經沒有什麼貿易品項可以選擇，因此海南人轉而利用在殖民家庭服務的技術，發展出為當地人開啟一間間咖啡店。直到今日，kopitiams（咖啡店）仍然常常被稱為 Hainanese kopitiam（海南咖啡店），以彰顯海南人與此產業的深厚淵源。海南人成就了一種擁有國家招牌的飲品，並將其提升至今日的地位。

1980 年代之前，咖啡通常會裝在以綠或藍色印墨綴飾著花朵的小型瓷製或陶製杯中。小碟上通常會附上咖啡店的經典食物，例如未剝殼的半熟水煮蛋，讓客人自行去殼並撒上胡椒與醬油；或是 kaya（甜味椰子醬）吐司，一般認為這是源自曾在英國殖民家庭從事料理工作的海南人。雖然這類咖啡杯的出身為中國，但如今已成為許多新加坡人的懷舊之物。

咖啡杯裝盛的是以獨到比例混合的煉乳、蒸奶、咖啡與糖。這些每日獻上國民生活必需品的老闆們，會被熱情地稱為 kopi 大叔與阿姨（早期稱為 kopi kia 或咖啡小孩），他們會在騰起的蒸氣、咖啡及焦糖飄香之間，大方施展他們的高超技藝。每一位新加坡人都有自己獨愛的咖啡店——只要問問他們最喜歡的咖啡在哪兒，一定會得到十幾種拍胸脯的推薦。

根據不同的甜度、溫度，一路到何種牛奶的喜好，咖啡飲品的正規配方超過一百三十二種。

在沖煮深沉且濃郁的當地咖啡時，會先將咖啡粉與熱水混合，烏黑的液體會以小瀑布的方式在大型金屬壺之間來回傾倒。此過程除了可以使咖啡均勻萃取之外，也有助於溶解裹在咖啡豆外層的焦黑糖分。在多次來回傾倒（最佳傾倒次數不一）之後，咖啡會以附手把的玻璃杯或帶有圖樣的陶瓷杯裝盛，咖啡粉會以長型濾布過濾，當地稱為 kopi 襪。

說到點咖啡，新加坡的多元性便在此時大大展現。根據不同的甜度、溫度，一路到何種牛奶的喜好，咖啡飲品的正規配方超過一百三十二種。咖啡沒有真正的標準製作配方，因為根據每位咖啡師的經驗、口味與使用的咖啡品牌，咖啡的比例、沖煮法或材料配方都有些許差異。

這種咖啡類型的正式名稱為 Nanyang kopi（南洋咖啡），這個名稱也十足顯示新加坡當地咖啡文化受到各式多元混合的影響。Nanyang 一詞則翻譯自中文的南洋。

只要再加上幾個福建語或馬來語名詞，就可以輕易地客製為個人偏好的口味。標準的 kopi，是奶味十足且相當甜的咖啡飲品，其中混合了大約 2 大匙的煉乳；kopi-O（黑咖啡）則是會添加大約 2 大匙的糖；kopi C 則是將煉乳換成蒸奶的咖啡飲品。福建語的 siew dai 意為降低甜度，會將 2 大匙的糖縮減為 1 大匙；Ga dai 則是將糖增加至 3 大匙；若是使用馬來語意為零的 kosong，就能讓 kopi 大叔或阿姨知道你不想要加任何糖。想要來杯冰咖啡怎麼辦呢？只要在點任何咖啡時加上 peng 就可以了。

新加坡市景聳立於唐人區的街道上（前頁與第 216 頁）。在某些家庭經營的小咖啡攤或小型咖啡店，咖啡通常會以塑膠袋裝盛，並插上一支吸管。

LOST GUIDES
1ST EDITION

ANNA CHITTENDEN

Kopi

咖啡

一杯標準的 kopi 會以裹上焦糖與人造奶油的特殊烘焙咖啡豆製成。黑咖啡會接著添加綿滑的煉乳，因此會是極甜的一杯咖啡。許多新加坡人也會喝 kopi-O（黑咖啡），也就是將煉乳換成 2 大匙糖。

南洋咖啡豆 20 公克
（4 平大匙）
研磨尺寸：細至中

熱水 200 毫升（7 液體盎司）
（95～98℃／203～208℉）

煉乳 2 大匙

你也需要：
濾布襪（參考下方「注意事項」）、兩只壺（金屬材質為佳）

將咖啡杯裝滿熱水預熱。

洗淨濾布襪，並將它放在其中一只金屬壺的壺緣。將咖啡粉倒入另一只金屬壺中，注入正確溫度的熱水（以溫度計測量）。靜置 30 秒鐘（若是使用新鮮咖啡粉，此時會漂浮在水面）。

如果咖啡粉研磨尺寸為細，請攪拌 30 秒至 1 分鐘。研磨尺寸為中的話，請在稍微攪拌之後，靜置 3～4 分鐘，並在倒出之前再度快速攪拌一次。

透過濾布襪，將金屬壺中的咖啡倒入另一只壺。

倒掉咖啡杯中的熱水，並倒入 2 大匙的煉乳（或視口味偏好調整）。將過濾完成的咖啡注入咖啡杯。大約會倒出 ⅔ 杯（150 毫升／ 5 液體盎司）的咖啡為基底。

在使用南洋咖啡豆或裹糖烘焙的咖啡豆時，通常會以 2：1 的咖啡與水（或水加牛奶）比例稀釋。如果採用一般咖啡豆，稀釋比例也許不用這麼高。

徹底攪拌均勻之後享用。

注意事項：
kopi 的美妙之處在於能夠輕易地調整為各自的口味偏好：減糖、以蒸奶取代煉乳或提升稀釋水量等等。濾布襪很容易就可以在線上找到，許多亞洲雜貨店也有販售。南洋咖啡豆是這道咖啡飲品不可或缺的要素，但如果無法找到這種烘豆法的咖啡豆，也可以試著尋找糖炒咖啡豆。

Kopi Gu You

奶油咖啡

雖然全球其他地區最近才開始將飼草奶油與椰子油調入早晨的咖啡中,但新加坡人早在 1900 年代初期,
就有把大塊奶油丟進咖啡的習慣。

kopi 1 杯
(請參考第 218 頁的製作方法)

奶油 ½ 大匙(未加鹽為佳)

沖煮出一杯標準 kopi,但先別拌入煉乳。

將奶油放入咖啡杯中。新加坡的咖啡店通常會使用未加鹽的
奶油,但也可以視喜好換成加鹽奶油。

當奶油融化之後,請徹底攪拌均勻再享用。

注意事項:
當然也可以在其他版本的 kopi 中添加奶油。如果比較喜歡無糖版本,可以試試 kopi-O-kosong,也
就是無糖黑咖啡。

從砲艦外交到
即溶咖啡的勝利

在歷經數十年的殖民占領、戰爭與動盪之後，1900 年代中期，韓國首爾的咖啡館與茶館正以文化匯聚場所的身分四處開啟，並被稱為다방（dabangs）。其背後原因就是美國軍備補給的即溶咖啡，讓다방能在不具備任何特殊設備之下，迅速一間間興起。

　　韓國與咖啡之間的關係往往脫離不了與政治的緊密聯繫。咖啡自非洲開始邁向全世界的旅程，其實便常常得益於殖民消費、種植與商業。

　　1800 年代晚期之前，韓國的國際關係主要限縮於中國及日本。當時，不論中國或日本，都尚未有廣泛的咖啡飲用習慣。因此，韓國在 1800 年代晚期之前似乎不太有引進咖啡的機會──雖然沒有咖啡正式抵達韓國岸邊的時間點或起源的明確紀錄。

　　1876 年，正值朝鮮時期（韓國最後一個王朝），朝鮮高宗（Emperor Gojong）簽訂了日韓貿易條約。在此之前，韓國與境外他國的貿易非常有限，因為韓國政府對於外國船隻的態度頗為謹慎。然而，日本採取典型的砲艦外交手段，強迫朝鮮高宗簽下條約。日本藉此獲得了優惠條例，其中便包括了開放韓國三個貿易港口。1910 年，日本併吞韓國，開啟了往後長達三十五年的殖民統治。

　　咖啡首次抵達日本的時間大約在 1700 年代與 1800 年代，由荷蘭船隻帶來。在日本殖民韓國之初，咖啡已是日本社會的特色之一。日本殖民所強調的同化，以及擴大日本文化於當地影響力的政策，對於提升韓國咖啡消費習慣都有很大的助益。

　　關於咖啡最廣為流傳的故事：韓國第一位嘗試咖啡的人便是朝鮮高宗。在 1896 年，一位俄羅斯大使的姐姐為高宗端上一杯咖啡。這則起源故事也許杜撰成分居多，因為關於咖啡尚有更多更早的紀錄。最早的紀錄或許是來自美國人帕西瓦爾·羅威爾（Percival Lowell），他在護送了執行首次韓國特別任務（Korean Special Mission）的外交官前往美國之後，受邀拜訪韓國。隨後出版的著作《朝鮮，晨寂之地》（*Chosön, the Land of the Morning Calm*）寫道：「1884 年 1 月，當地省長邀請我到睡波之家（House of the Sleeping Waves），我們在那兒喝了朝鮮最近流行的餐後咖啡。」

　　接下來幾年的歷史文獻便經常出現咖啡的紀錄。儘管咖啡最初是王室與上流社會的飲品，但很快就四處普及。根據 Park Young-soon 出版的書籍《咖啡人文》（커피인문학），韓國第一間具有文字紀錄的咖啡館在 1899 年的首爾開幕，他在書中提到 1900 年代韓國當地的咖啡大多由街道的小販販售。另外，也描述了當時相傳黑咖啡有治療線蟲的效果，因此讓咖啡的知名度更加提升。

　　在此之後的數十年之間，韓國的消費商品深受日本與西方文化影響。雖然很容易認為韓國喝咖啡的習慣應該是在殖民時期大幅擴張，然而，在日本統治時期，關於咖啡文化的紀錄非常稀少。

　　到了二十世紀中期之際，稱為다방（dabangs）的咖啡館與茶館已經幾乎無處不見。就如同歐洲的咖啡館，韓國的咖啡館也是

政治異議分子、作家、詩人與大眾齊聚的重要社交場所。

關於咖啡最廣為流傳的故事：韓國第一位嘗試咖啡的人便是朝鮮高宗，在 1896 年，一位俄羅斯大使的姐姐為高宗端上一杯咖啡。

第二次世界大戰尾聲時，美國軍隊帶著大量即溶咖啡來到韓國，即溶咖啡便悄悄進入當地社會。Park 在其著作表示，即溶咖啡的引進幫助韓國咖啡館開枝散葉，因為即溶咖啡無需任何特殊設備。

到了二十世紀中期之際，稱為다방（da-bangs）的咖啡館與茶館已經幾乎無處不見。就如同歐洲的咖啡館，韓國的咖啡館也是政治異議分子、作家、詩人與大眾齊聚的重要社交場所。

美軍的即溶咖啡是由美國食品巨擘 General Foods 的品牌麥斯威爾（Maxwell House）所提供。在當時的韓國，麥斯威爾一詞幾乎等同於咖啡，到了 1970 年代，麥斯威爾甚至取得了在韓國國內生產的許可。

即溶咖啡得以在韓國境內生產之後，咖啡消費有了爆炸性的成長，咖啡也開始跨出咖啡館，進入每戶人家。

今日，一百年前的다방退居一旁，靜靜地看著精品咖啡館端出一杯杯滴濾咖啡。而韓國人也習慣將다방聯想為即溶咖啡。

數十年來，創新的精品咖啡烘豆師與專家又將韓國的咖啡產業向前推進了一步。韓國如今已是精品咖啡界的發展重鎮之一，首爾更是每年都會舉辦亞洲最大型的咖啡節。甚至到了南北韓接壤的非軍事區（DMZ），仍然見得到精品咖啡館的蹤影。

南韓咖啡館（尤其是首爾）會在咖啡飲品最後的綴飾環節，添加一些創新手法 —— 例如這張漂浮在咖啡頂部的可愛表情（第 223 頁）、以可可粉印上花樣（第 227 頁），或是端坐在奶泡上的棉花糖小生物（第 228 頁）。

ZAPANGI

TIN AND BOTTLE

달고나 커피 **Dalgona keopi**

蜂巢糖咖啡

這道咖啡飲品的名稱來自神似蜂巢糖的風味與外觀，這種糖在韓國的名字就是 dalgona。雖然蜂巢糖咖啡最近在韓國十分流行，但很有可能源自其他地方。許多國家製作這道咖啡飲品已有多年歷史，例如印度與巴基斯坦，這道飲品在當地稱為 phitti hui、phenti hui 或 pheta 咖啡。

即溶咖啡 2 大匙

砂糖 2 大匙

熱水 2 大匙

冰或熱牛奶 1 杯

你也需要：
打蛋器或攪拌機（非必要）

將即溶咖啡、糖與水倒入攪拌盆中，一起混合攪打呈厚實、白皙且綿滑的狀態。至少需要約 2 ～ 3 分鐘。如果以手拿打蛋器攪打，可能需要 8 ～ 10 分鐘以上。

將牛奶倒入玻璃杯，然後以湯匙把打好的咖啡舀放在牛奶頂部。

享用之前請徹底攪拌。

注意事項：
這個配方必須使用即溶咖啡與糖，一般濾沖咖啡無法做出其口感。即溶咖啡的脫水處理與額外的乳化劑，讓它能在攪打之後變得更綿滑且更多微泡沫。而糖則可以增加稠度，延長微泡沫消散的時間。另外，也能使用熱牛奶、蒸奶，或是用冰鎮牛奶搭配冰咖啡。

모닝 커피 **Morning keopi**

早晨咖啡

韓國다방（dabangs，咖啡館）的黑咖啡裡常常會加一顆蛋黃，據說蛋黃能降低咖啡對空腹的刺激。這道飲品稱為早晨咖啡，曾以早餐與飲料二合一之姿紅極一時，在二十世紀中期十分普遍，但如今已退流行。

黑咖啡 1 杯

蛋 1 顆

烤芝麻油 2 ～ 3 滴

先以個人偏好的沖煮方式做出一杯黑咖啡。韓國地區大多偏愛使用即溶咖啡，但可以選用法式濾壓，或任何能做出一般容量濾沖黑咖啡的方式。

將蛋白與蛋黃分離。以湯匙盛裝蛋黃，並滴上芝麻油。小心地將蛋黃倒入黑咖啡中，並徹底攪拌。

注意事項：
食用生蛋有感染沙門氏桿菌的風險。若可以，請選用經過巴式滅菌的雞蛋，或自行承擔風險。如同許多傳統咖啡飲品的做法，不少咖啡店與居家沖煮往往都會添加一些獨家食材，例如許多早晨咖啡的蛋黃還會先撒上一小撮鹽再攪拌，或是往黑咖啡丟進一些松子或核桃碎塊。

北歐人的
生存與
抵抗

十八世紀歐洲北部的薩米（Sápmi）地區，當地的原住民薩米人（Sámi）會在咖啡中放入 gáffevuosta（馴鹿奶）、馴鹿肉乾或 maŋŋebuoidi（馴鹿腸油脂）。

北歐國家或北歐地區，是指歐洲北部廣大地塊的地理與文化區域。挪威、瑞典、冰島、芬蘭、丹麥與法羅群島（Faroe Islands）都屬於北歐諸國，此地的居民每年都要喝下數量可觀的咖啡——尤其是居住於極北薩米地區的原住民薩米人。威廉·烏克斯（William H. Ukers）在出版於 1922 年的著作《關於咖啡的一切》（All About Coffee）提到，瑞典的人均咖啡消費量位居全球之冠。此趨勢並非僅在瑞典一國，北歐五國經常囊括全球咖啡消費量的前五名。

咖啡大約是在十七世紀晚期引進瑞典，接著很快也拓展至其他北歐國家，不過咖啡在此區域的起步並非一帆風順。在十八與十九世紀之間，瑞典對待咖啡豆的態度都是在禁止與課徵重稅之間交替，但一般大眾從未遵循這些禁令。走私頻傳，而咖啡隨即迅速成為普通人都能享用的飲料——並不僅限於中產階級。

譽為現代生物分類學之父的知名瑞典植物學家卡爾·林奈（Carolus Linnaeus ／ Carl von Linné）在 1737 年首度劃分出咖啡屬（Coffea）。林奈嘲弄著咖啡有害健康，並且對咖啡抱持著當時歐洲很普遍的國族主義想法——這種異國產品對瑞典的經濟與文化有害。

林奈與為數不少的醫師與國族主義者花了大量精力與時間，在當時尋找能夠取代咖啡的當地植物。漢娜·霍達克（Hanna Hodacs）在《瑞典的咖啡與咖啡替代品》（Coffee and Coffee Surrogates in Sweden）一書中寫到，山毛櫸籽（beech nuts）、烤焦麵包、蠶豆、橡實、葵花籽、燕麥、杜松子、玉米、裸麥、菊苣、栗子、花生、羽扇豆（lupine seeds）、紅蘿蔔、馬鈴薯以及紅或黑醋栗籽等等，都曾經在各式各樣的歷史文獻中，建議成為咖啡替代品。其中部分替代品往往會與真正的咖啡豆混合以增加供應量，同時也可以用來為特定或區域性偏好調整風味。

今日，fika 的傳統已經是許多瑞典日常儀式的常見環節。fika 同時是動詞也是名詞，據說是瑞典語的雙音節 kaffe（咖啡）的顛倒。fika 不僅有休息一下、慢下來、重新調整或與朋友見面的意思，也代表此時喝的咖啡與吃的 kaffebröd（咖啡麵包或烘焙點心）。

安娜·布隆納斯（Anna Brones）與尤翰娜·肯因特瓦爾（Johanna Kindvall）在合著的《必咖 fika：享受瑞典式慢時光》（Fika: The Art of the Swedish Coffee Break that fika）中說到，fika 一詞代表的意義遠遠超過只是喝杯咖啡，尤其對於較年長的一代而言。「Ska vi fika?」（我們要不要來 fika？）意思就是：「我們休息一下，一起聊聊，先慢下來吧。」許多 fika 點心也會把咖啡當成食材，例如到處都可見的 chokladbollar（巧克力球）。

自 1800 年代起，挪威與瑞典開始流行將私釀烈酒加入咖啡飲用，尤其是鄉村地帶。這類強勁的飲品在不同地區各有眾多名字，例如 Kaffedoktor（咖啡醫生）、Kaffegök、Karsk 或

Uddevallare。各地的製作配方也有所差異，例如有些地區會加點白蘭地或干邑。但是，民間的調配流程始終一致：先往杯底丟一枚硬幣，注入咖啡直到看不見硬幣，接著，倒入烈酒，直到硬幣的身影再度出現。

自 1800 年代起，挪威與瑞典開始流行將私釀烈酒加入咖啡飲用，尤其是鄉村地帶。這類強勁的飲品在不同地區各有眾多名字，例如 Kaffedoktor、Kaffegök、Karsk 或 Uddevallare。

丹麥人也喜歡他們的 kaffepunch（咖啡加杜松子酒與糖）。1860 年代，南日德蘭（Jutland）劃歸於德國統治。丹麥人會聚集在市政廳進行集會並頌唱丹麥歌曲，但德國統治當局禁止集會提供酒精飲品。人們在少了 Kaffepunch 的陪伴之下難以心滿意足地散會，因此 Sønderjysk Kaffebord（南日德蘭咖啡桌）的傳統就此展開。

丹麥人把集會目的改說成「喝咖啡」，聚會時桌上會擺滿蛋糕與烘焙點心，並且無限供應 Kaffepunch。德國當局無法干預非正式的聚會，參與者可以大方暢飲，盡情大談丹麥思想。每位參與者往往都會帶個蛋糕，因此也帶點競爭意味。如今，Sønderjysk Kaffebord 仍然是日常傳統之一，也成為名符其實的烘焙點心與咖啡盛宴。

二十世紀的每一戶丹麥家庭幾乎都擁有一只招牌咖啡壺，也就是 Madam Blå（藍夫人）。這只咖啡壺影響了整個丹麥的咖啡文化。此咖啡壺的尺寸範圍廣泛，從一至五十杯皆有，設計為早晨煮上一壺之後就放在爐上，一整天隨時想喝，就可以倒一杯。Madam Blå 咖啡壺工廠在 1966 年關閉，但許多人家的廚房與咖啡

館至今依舊留著這只琺瑯咖啡壺，懷念著舊有時光。

北歐的薩米地區包含挪威北部、瑞典、芬蘭與俄羅斯，一直以來居住於此處的原住民薩米人，其文化便由這片極寒氣候地帶所形塑。許多薩米人以牧養馴鹿為業，而半遊牧也是薩米人主要的食物來源。安妮・伍拉布（Anne Wuolab）在《原住民風華：超越薩米與愛努之地的復興》（*Indigenous Efflorescence: Beyond Revitalisation in Sapmi and Ainu Mosir*）一書的「薩米咖啡文化」（Saami Coffee Culture）章節接受訪問，她表示咖啡最初只是為了補足馴鹿湯的滋味，但很快就以其獨有的風味成為薩米料理相當重要的一部分。

今日，fika 的傳統已經是許多瑞典日常儀式的常見環節。fika 不僅有休息一下、慢下來、重新調整或與朋友見面的意思，也代表此時喝的咖啡與吃的 kaffebröd（咖啡麵包或烘焙點心）。

薩米人在製作咖啡時，傳統上會把咖啡豆裝在 gáffeseahkka（馴鹿皮咖啡袋）中，並以一片木頭敲打。接著，咖啡粉以放在明火上的水滾煮，煮好的 vuoššat gáffe（鍋煮咖啡，瑞典與挪威語通常會稱為 gáffe 或 kokkaffe）會倒在手工製的 guksi（木杯，以樺木樹節雕刻而成）享用。到了春天有新鮮馴鹿奶可享用時，也會添入咖啡。

在《薩米食物：現代薩米料理以傳統食物為基礎之例》（*Sámi Food: examples of food traditions as a basis for modern Sámi cuisine*）一書中，薩米議會（Sámi Parliament）詳細描述了咖啡傳統，其中包括 Guhkies-buejtie（南薩米語），這是一種用馴鹿大腸最深處部位製

成的香腸。這種香腸會經過乾燥、切片，然後泡進咖啡。Maŋŋebuoidi（北薩米語）則是馴鹿的直腸並填入大量脂肪，有時也會當作添加於咖啡的鮮奶油。另外還有一種南薩米語稱為 Båeries-buejtie 的食物，意為長者香腸，因為通常是給予家族長者享用。

瑞典稱為 Kaffeost、芬蘭稱為 Leipäjuusto，而薩米語稱為 Gáffevuosta 的起司咖啡，傳統上要以馴鹿奶製成，但如今也會以牛或山羊奶製作。

　　雖然這項特殊的傳統已經完全消失，但在咖啡添加起司的傳統依舊，另外也會在咖啡一旁附上肉乾或馴鹿舌。在瑞典稱為 Kaffeost、芬蘭稱為 Leipäjuusto，而薩米語稱為 Gáffevuosta 的起司咖啡，傳統上要以馴鹿奶製成，但如今也會以牛或山羊奶製作。其硬度類似哈羅米起司（halloumi），但放入熱咖啡之後會柔軟一些。古代北歐有種棋盤遊戲稱為 Hnefatafl，薩米人將其變化成 tablut 遊戲，有的薩米人會在玩此遊戲時，以咖啡豆當作標記。

　　在格陵蘭島（Greenland），因紐特人（Inuit）也迷上了這種醉人的飲品。十九世紀，一位丹麥大使的家書寫到，格陵蘭島的因紐特人著迷於咖啡的程度之嚴重，導致他們身陷於飢寒交迫之中。為了交換咖啡配額，因紐特人甚至拿出了必需品——海豹皮，這不僅是製作衣物的要件，也是建造獨木舟以外出獵食與取得更多毛皮的重要材料。1896 年，美國地質學家喬治・懷特（George Frederick Wright）的紀錄表示，因紐特人有必須隨身攜帶一顆咖啡豆，以保佑長壽的傳統。

　　出了北歐地區，許多人應該都聽說過瑞典蛋咖啡，做法是在咖啡粉丟入一顆雞蛋，有助於讓咖啡變得清澈。然而，這種做法其實不是那麼瑞典。喬伊・里特曼（Joy K. Lintelman）在她的論文〈熱騰騰的遺產：瑞典裔美國人與咖啡〉（*A Hot Heritage: Swedish Americans and Coffee*）中推測，很有可能是在美國擔任家庭傭人的瑞典移民婦女，在美國學到了這種製作咖啡的方法。久而久之，這種飲品變得與瑞典裔美國人有關，但世界上許多國家都有使用雞蛋或蛋殼澄清未過濾咖啡的做法。北歐諸國也有使用蛋白質進行澄清咖啡的類似做法，但經常使用的是 klarskinn（魚皮），加入魚皮之後會等待咖啡粉沉澱，並在飲用之前取出魚皮。

斯堪地那維亞城市擁有充滿活力的咖啡館文化，同一條街上錯落著獨立與連鎖咖啡館。以明火沖煮一壺咖啡也是北歐戶外健行的長久傳統之一（第 247 頁）。

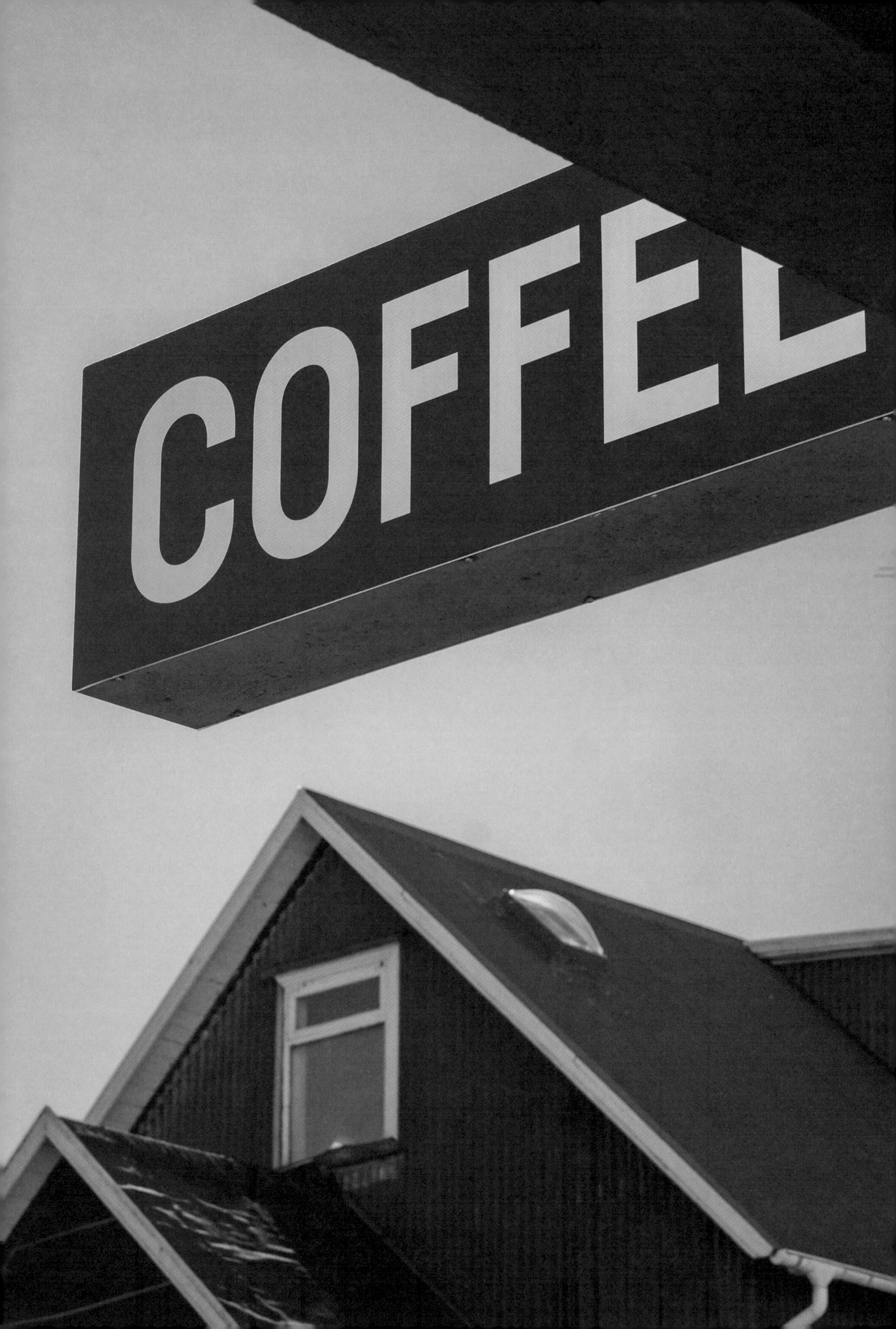
COFFE

Vuostagáffe

起司咖啡

居住於瑞典、芬蘭與挪威的原住民薩米人，有著在咖啡切進幾片 gáffevuosta（馴鹿起司）、馴鹿肉乾或馴鹿脂肪的傳統。在黑咖啡加入馴鹿起司的習慣依舊普遍，這種起司咖啡稱為 vuostagáffe，瑞典語則是 kaffeost，雖然如今的起司比較常以山羊奶或牛奶製成。

液態氯化鈣 ⅛ 小匙
（若使用未經巴氏滅菌的牛奶，
則可省略）

全脂牛奶 1.9 公升（2 夸脫）
（使用未經巴氏滅菌的牛奶為
佳）

鹽 ½ 小匙

液態凝乳酵素（rennet）
¼ 小匙或凝乳酵素片 ¼ 片

未氯化冰水 ¼ 杯

黑咖啡 1 杯（單份）

你也需要：
溫度計、大片方形起司濾布

如果使用經巴氏滅菌的牛奶，請在牛奶倒入氯化鈣之後靜置 1 小時。將 ¼ 杯未氯化的冰水與凝乳酵素混合。

將牛奶（或混合了氯化鈣的牛奶）倒入平底深鍋，開小火，攪拌並加熱至 37℃（99℉）；以溫度計測量。離火。

在離火的狀態攪拌牛奶，一面放入鹽與凝乳酵素，接著以上、下與穿過的方式持續攪拌液體 2 分鐘。

讓鍋子在離火的狀態靜置 30～40 分鐘以凝固。在此期間請勿攪拌。

時間到了之後，請垂直插入一把刀子，小心地稍微轉動約 40 度。起司凝塊（curd）應該可以乾淨俐落地分離，切開的空間應該會充滿乳清（whey）。如果起司尚未凝固，請再稍微等久一點，然後選擇另一部分進行刀切測試。一旦起司成功凝固，請以刀子上、下與橫越的方式切出大塊方形凝乳。

將鍋子放回火上，用微弱的小火加熱，輕輕地攪拌，直到溫度回到 37℃（99℉）；以溫度計測量。離火。

輕柔地舀出凝塊，放在一張濕潤的大片方形起司濾布上，濾布放在大型篩網上，乳清會在此時濾出。靜置至少 30 分鐘。將濾布各側向凝塊中央鋪疊，擠壓凝塊。靜置。

取出一個重物直接放在起司濾布與凝塊上，以擠出更多乳清。可以先放上一塊砧板再放重物、放上裝滿水的小型平底深鍋，或疊上一只荷蘭鑄鐵鍋。任何一種可以穩穩放進濾網且同時下壓起司的重物皆可。

15分鐘之後，檢查一下凝乳是否已經好好地結合成一大塊固體，是否可以拉起一側而不斷裂，如果還無法，請再重壓久一點。

預熱烤箱至230℃（450℉）。將凝乳放在塗了油的烤盤上，範圍請勿大於起司盤。放進烤箱烘烤，直到表面出現褐斑。至少需要30～40分鐘。取出並放涼。

當起司冷卻後，應該可以把起司切成塊狀。在每杯濃黑咖啡放入幾塊——起司應該會稍微膨脹且變軟。

注意事項：
傳統上，起司須經過長時間的壓榨與乾燥，才能足夠扎實而不會在咖啡中溶解。這裡則是利用烤箱烘焙加快乾燥速度。也可以試著為牛奶添加一些鮮奶油（保持液體量不變即可），如此能做出味道更豐富的起司。凝乳酵素與氯化鈣都是製作起司的常見材料，線上很容易就可以買到。雖然這兩種材料都是液態最容易使用，但氯化鈣晶體或是凝乳酵素醬、粉或片都可以替代使用；只要確定倒入牛奶之前，凝乳酵素片有磨成粉又已經溶解於 ¼ 杯冰水中。

Kalaallit Kaffiat

格陵蘭咖啡

1
人份

這道溫暖的咖啡美酒混調，是嚴寒的北極冬季最佳解方。據說，此飲品還象徵著整座格陵蘭島——威士忌是堅忍的一面，咖啡利口酒屬於細緻陰柔的一面，而淋在白雪皚皚打發鮮奶油上的是波光粼粼的橘色白蘭地利口酒溪流，點上火，就能見到遙遠北方的極光。

威士忌 1½ 大匙

咖啡利口酒 1½ 大匙
（例如 Kahlúa）

熱黑咖啡 1 杯

打發鮮奶油 3 大匙

橘色白蘭地利口酒 1 小匙
（例如 Grand Marnier）

將威士忌與咖啡利口酒倒入準備享用的杯中，接著在頂部注入黑咖啡。徹底攪拌。

頂部放上打發鮮奶油，將橘色白蘭地利口酒倒在防火湯匙上。謹慎小心地點火（此時應該看不到火焰），靜靜讓它燃燒 5 秒鐘，再小心地淋於打發鮮奶油上。

注意事項：
格陵蘭當地人經常在 kaffemik（字面意義為藉由咖啡），與 kalaallit kaagiat（格陵蘭葡萄乾茶味蛋糕）一同享受這道飲品。kaffemik 是為期一整天大門敞開的派對，朋友與家人可以隨意來去。可以一次準備一大壺，只要等比例調整酒精與咖啡即可。

Arabica 阿拉比卡

學名為 *Coffea arabica*，其中包含許多品種與栽培種。阿拉比卡在商業咖啡豆物種之間占有獨霸地位，往往被視為高品質的代名詞。阿拉比卡在全球咖啡豆總產量占 70%，而且精品咖啡所採用的咖啡豆絕大多數都是阿拉比卡。

Cascara ／ qishr 咖啡果殼

意為皮或殼，指的是咖啡果實的乾燥果皮，可以沖煮成茶或汽水。

Coffee rust 咖啡葉鏽病

由真菌駝孢鏽菌（*Hemileia vastatrix*）引發的疾病，可感染咖啡樹。一個多世紀以來，咖啡葉鏽病困擾著全球無數農人，並形成咖啡豆供應極大的威脅。

Commodity coffee 商業咖啡豆

與棉、木材、銅及各種其他產品一樣，商業咖啡豆也是一種在市場上交易的產品。符合此標準的咖啡豆必須為高產量，並生產自許多不同的農地，所以商業咖啡豆傾向於符合最低品質要求，而非是否擁有獨特的個性。

Crema 克麗瑪

漂浮在義式濃縮咖啡頂部的薄薄一層泡沫。克麗瑪是由加壓萃取與數項因素綜合形成。當加壓熱水（例如以義式濃縮咖啡機加壓）穿過特定咖啡豆類型的咖啡粉餅時，會釋放出粉餅中的二氧化碳，並與水一起創造出這層泡沫。

Cupping 杯測

評鑑咖啡豆的專業方式。杯測者會為沖煮出的咖啡評分成不同等級，面向包括醇厚度、香氣、平衡、甜度、酸度與尾韻，滿分為 10 分，綜合的感官總分為 100 分。

Direct trade 直接貿易

這是一個具爭議且常常被誤解的名詞，用於描述直接向咖啡農人購買咖啡豆的方式，而非透過傳統貿易網絡。由於此名詞並不受規範約束且經常被誤用，許多烘豆師因此選擇公開自己的直接貿易形式，通常會是具倫理、道德、永續性、社群性、環保性與公平售價等概念。

Flavor profile 風味描述

形容咖啡的整體味道，同時須考慮咖啡豆原本固有的特色與處理過程。咖啡物種與品種是決定風味的要素之一，其他方面則會依據發酵與乾燥過程而賦予。另外，烘豆過程與方式也會有所影響。風味描述會使用的形容詞包括果香、甜味、澄澈度、酸度、焙烤味、焦糖味或堅果味等等。

Green coffee 咖啡生豆

咖啡生豆必須經過乾燥，才會運送至烘豆師手中。咖啡生豆在進行烘焙之前往往呈淡黃色。

Liberica 賴比瑞亞

學名為 *Coffea liberica*，這種咖啡豆主要在東南亞有商業價值。商業咖啡物種中，賴比瑞亞的咖啡因含量最低。

Peaberry 圓豆

當咖啡果實內僅發展成一顆種子而非兩顆時，即稱為圓豆（又稱公豆）。某些人誤以為圓豆是一種生長在坦尚尼亞的變種咖啡品種，或是坦尚尼亞的圓豆比世界其他地區多。然而，圓豆在任何地方都有可能出現，每次收成占比約為 5 ～ 10%。

Roast 焙度（淺／中／深焙）

用來描述咖啡豆的烘焙程度。當咖啡豆受熱時會產生化學反應，使得咖啡生豆會由綠色轉為棕色，隨著烘焙時間延長，豆色也會變得更深。咖啡熟豆的顏色有助於飲者挑選自己偏愛的味道。

Roastery 烘豆廠

這是咖啡業界相對晚近才出現的名詞，主要代表烘焙咖啡豆的場所。由於咖啡烘豆者（coffee roaster）可以代表烘焙咖啡豆的人、專精於咖啡豆烘焙的公司或烘豆機本身。所以烘豆廠一詞也許有助於減少混淆。

Robusta 羅布斯塔

學名為 *Coffea robusta*，是 *Coffea canephora* 物種的品種之一，但由於此單一品種的商業價值極高，所以已成為此物種的常見代稱。相較於阿拉比卡，羅布斯塔的咖啡因含量較高且較容易種植栽培。

SCA 精品咖啡協會

全名為 Specialty Coffee Association，屬於非營利組織，主要辦公室位於美國與英國。目標是匯聚咖啡農人、咖啡師與烘豆師，並透過舉辦各式活動、建立標準規範，以及提供資源給所有供應鏈的各個環節，試著團結咖啡產業。

Single-origin 單一產區

源自單一地理位置的咖啡生豆，可以是單一農場或單一農場團體。

Specialty coffee 精品咖啡豆

擁有極高品質的咖啡豆，杯測的感官總分超過80 分（請見杯測），因其獨有特性而備受推崇。精品咖啡豆通常會在大宗商品市場（commodities market）之外進行小批次交易，所以是普遍地區都能取得的高品質咖啡豆。

Specialty／speciality 精品

可交替使用，分別為美式英語與英式英語。

Torrefacto 糖炒烘豆法

常見於東南亞、西班牙與拉丁美洲。這類咖啡豆有時也會裹上人造奶油或奶油。也稱為 kopi 烘豆法或 café torrado。

參考資料與延伸閱讀

導言

Fairtrade Foundation: *About Coffee*. www.fairtrade.org.uk/farmers-and-workers/coffee/about-coffee（參考時間為 2021 年 5 月 26 日）。

Saint-Pierre, Bernardin de: *A Voyage to the Isle of Mauritius, (or, Isle of France), the Isle of Bourbon, and the Cape of Good Hope: With Observations and Reflections Upon Nature and Mankind by a French Officer*. Griffin, 1775.

坦尚尼亞咖啡委員會（Tanzania Coffee Association）：
Tanzania Coffee Industry. Development Strategy 2011/2021. Tanzania Coffee Board (2012, July 24), www.coffeeboard.or.tz/News_publications/ startegy_english.pdf（參考時間為 2021 年 5 月 26 日）。

咖啡基礎

Cole, Nicki Lisa, and Keith Brown: *The Problem with Fair Trade Coffee*. Contexts, vol. 13, no. 1, Feb. 2014, pp. 50–55, DOI: 10.1177/1536504214522009（參考時間為 2021 年 6 月 11 日）。

Fairtrade Foundation: *About Coffee*. www.fairtrade.org.uk/farmers-and-workers/coffee/about-coffee（參考時間為 2021 年 6 月 10 日）。

Haight, Colleen: *The Problem With Fair Trade Coffee*. Stanford Social Innovation Review, Stanford University, 2011, ssir.org/articles/ entry/the_problem_with_fair_trade_coffee（參考時間為 2021 年 6 月 11 日）。

Kingston, Lani: *How to Make Coffee: The Science Behind the Bean*. Abrams, 2015.

變革的種子

Ukers, William Harrison: *All About Coffee*. Tea and Coffee Trade Journal Company, New York, 1922, p. 125.

阿拉伯半島

Abu Dhabi Culture, Department of Culture and Tourism: *Gahwa*. 18 Dec. 2018, abudhabiculture.ae/en/unesco/ intangible-cultural-heritage/gahwa（參考時間為 2021 年 6 月 1 日）。

Arendonk, C. Van, and Chaudhuri, K.N.: *ahwa*. In: *Encyclopaedia of Islam*, edited by p. Bearman, Th. Bianquis, C. E. Bosworth, E. van Donzel, W.P. Heinrichs. DOI: 10.1163/1573-3912_islam_COM_0418（參考時間為 2021 年 5 月 31 日）。

Campo, Juan Eduardo: *Encyclopedia of Islam*. Facts On File, 2009, p. 155.

Ellis, Markman: *The Coffee-House: A Cultural History*. Orion, 2011.

Hattox, Ralph S.: *Coffee and Coffeehouses: The Origins of a Social Beverage in the Medieval Near East*. University of Washington Press, 1985.

Keatinge, Margaret Clark, and Khayat, Marie Karam: *Food from the Arab World*. Khayats, 1965, p. 141.

Kiple, Kenneth F., and Coneè Ornelas,

Kriemhild (Eds.): *The Cambridge World History* of Food. Cambridge University Press, 2000, p. 1143.

Sowayan, Saad Abdullah: *Nabati Poetry: The Oral Poetry of Arabia*. University of California Press, 1985.

Weinberg, Bennett Alan, and Bealer, Bonnie K.: *The World of Caffeine: The Science and Culture of the World's Most Popular Drug*. Routledge, 2001, p. 12.

巴西

Armstrong, Martin, and Richter, Felix: *The Countries Most Addicted to Coffee*. Statista Infographics, 01 Oct. 2020, www.statista.com/chart/8602/top-coffee- drinking-nations（參考時間為 2021 年 6 月 7 日）。

Campbell, Dawn, and Smith, Janet L.: *The Coffee Book*. Pelican Publishing Company, 1993, p. 76.

Coffee Consumption and Industry Strategies in Brazil. A Volume in the Consumer Science and Strategic Marketing Series, Elsevier Science, 2019, p. 259.

Coffee Report 2020 Statista Consumer Market Outlook—Segment Report. Statista, 2020, www.statista.com/study/48823/coffee-report（參考時間為 2021 年 6 月 7 日）。

Cole, Allan B.: *Japan's Population Problems in War and Peace*. Pacific Affairs, vol. 16, no. 4, 1943, pp. 397–417, JSTOR, www.jstor.org/ stable/2752077（參考時間為 2021 年 6 月 8 日）。

De Bivar Marquese, Rafael: *African Diaspora, Slavery, and the Paraíba Valley Coffee Plantation Landscape: Nineteenth-Century Brazil*. Review (Fernand Braudel Center), vol. 31, no. 2, 2008, pp. 195–216, JSTOR, www.jstor.org/stable/40241714（參考時間為 2021 年 6 月 4 日）。

Dicum, Gregory, and Luttinger, Nina: *The Coffee Book: Anatomy of an Industry from Crop to the Last Drop*. New Press, 2012.

Engerman, Stanley L.: *The Abolition of the Atlantic Slave Trade: Origins and Effects in Europe, Africa, and the Americas*. University of Wisconsin Press, 1981, p. 291.

Engines in Brazil Use Coffee As Fuel. Popular Science Monthly, vol. 120, no. 4, Apr. 1932, p. 30.

Fridell, Gavin: *Coffee and the Capitalist Market. Fair Trade Coffee: The Prospects and Pitfalls of Market-driven Social Justice*. University of Toronto, 2008, pp. 101–34.

Gas from the Low-Grade Coffee. The Canberra Times, 29 December 1932, nla.gov.au/nla. news-article2326815（參考時間為 2021 年 6 月 7 日）。

Hutchinson, Lincoln: *Coffee 'Valorization' in Brazil*. The Quarterly Journal of Economics, vol. 23, no. 3, 1909, pp. 528–535, JSTOR, www.jstor.org/stable/1884777（參考時間為 2021 年 6 月 4 日）。

Jacobowitz, Seth: *A Bitter Brew: Coffee

and Labor in Japanese Brazilian Immigrant Literature*. Estudos Japoneses 41, pp. 13–30.

Minahan, James: *Ethnic Groups of North, East, and Central Asia: An Encyclopedia*. ABC-CLIO, 2014, p. 59.

Nishida, Mieko: *Diaspora and Identity: Japanese Brazilians in Brazil and Japan*. University of Hawaii Press, 2017.

Ottanelli, Fraser M., et al.: *Italian Workers of the World: Labor Migration and the Formation of Multiethnic States*. University of Illinois Press, 2001, p. 103.

Richard, Christopher: *Brazil*. Marshall Cavendish, 1991.

Topik, Steven: *The World Coffee Market in the eighteenth and nineteenth Centuries, from Colonial to National Regimes*. Working Papers of the Global Economic History Network (GEHN) (04/04), Department of Economic History, London School of Economics and Political Science, 2004.

Volsi, Bruno et al.: *The Dynamics of Coffee Production in Brazil*. PloS one, 23 July 2019, DOI:10.1371/journal.pone.0219742（參考時間為 2021 年 6 月 5 日）。

Woodyard, George, and Vincent, Jon S.: *Culture and Customs of Brazil*. Greenwood Press, 2003. p. 85.

衣索比亞

Barker, William C., et al.: *First Footsteps in East Africa, Or, An Exploration of Harar*. Tylston and Edwards, 1894, p. 34.

Bruce, James: *Travels to Discover the Source of the Nile, in the Years 1768, 1769, 1770, 1771, 1772, and 1773*. Vol II, G. G. J. and J. Robinson, 1790.

Duressa, Endalkachew Lelisa: *The Socio- Cultural Aspects of Coffee Production in Southwestern Ethiopia: An Overview*. Journal of Culture, Society and Development, vol. 38, 2018, p. 15.

Éloi Ficquet: *Coffee in Ethiopia: History, Culture and Challenges*, edited by Siegbert Uhlig, David Appleyard, Alessandro Bausi, Wolfgang Hahn, Steven Kaplan, Michigan State Press, 2018, pp. 155–160.

Farley, David: *Discovering the Birthplace of Coffee in Ethiopia*, Afar, May 2013, www.afar.com/magazine/coffeeland（參考時間為 2021 年 4 月 27 日）。

Haile-Mariam, Teketel: *The Production, Marketing and Economic Impact of Coffee in Ethiopia*. Stanford University, 1973 as quoted in *Coffee: A Comprehensive Guide to the Bean, the Beverage, and the Industry*, edited by Robert W. Thurston, Jonathan Morris, Shawn Steiman, Rowman & Littlefield, 2013, p. 153.

Harris, William Cornwallis, Sir: *The Highlands of Æthiopia*. Longman, Brown, Green, and Longmans, 1844.

Mace, Pascal Mawuli: *A la découverte de l'Ethiopie, Addis Abeba. Rencontre avec la famille impériale*. 2020, p. 18.

Montagnon, C., Mahyoub, A., Solano, W., & Sheibani, F.: *Unveiling a Unique Genetic Diversity of Cultivated Coffea Arabica L. in its Main Domestication Center: Yemen*. Genetic Resources and Crop Evolution, 2021, link. springer.com/article/10.1007/s10722-021- 01139-y（參考時間為 2021 年 4 月 27 日）。

Wane, Njoki Nathani: *Gender, Democracy

and Institutional Development in Africa*. Palgrave Macmillan, 2019, p. 175.

印度

Aggarwal, Ramesh Kumar, et al.: *Coffee Industry in India: Production to Consumption—A Sustainable Enterprise*. Coffee in Health and Disease Prevention, edited by Victor Preedy, Academic Press, 2014, pp. 61–70.

Bhattacharya, Bhaswati: *Local History of a Global Commodity: Production of Coffee in Mysore and Coorg in the Nineteenth Century*. Indian Historical Review, 41(1), 2014, pp. 67–86.

Bhattacharya, Bhaswati: *Much Ado Over Coffee: Indian Coffee House Then And Now*. Routledge, 2017.

Blake, Stephen P.: *Shahjahanabad: The Sovereign City in Mughal India,1639–1739*. Cambridge University Press, 1991.

Coffee Industry and Exports. IBEF, www.ibef.org/exports/coffee-industry-in- india.aspx（參考時間為 2021 年 5 月 21 日）。

Crooke, William. *Things Indian: Being Discursive Notes on Various Subjects Connected with India*. J. Murray, 1906, p. 108.

Edward A. Alpers, Chhaya Goswami: *Transregional Trade and Traders: Situating Gujarat in the Indian Ocean from Early Times to 1900*. Oxford University Press, 2019.

Gotthold, Julia J., and Gotthold, Donald W. *Indian Ocean*. Clio Press, 1988, p. xvii.

Indian Coffee Board. Government of India, www.indiacoffee.org/aboutus.aspx（參考時間為 2021 年 4 月 7 日）。

Jain, V.K.: *The Role of the Arab Traders in Western India During the Early Medieval Period*. Proceedings of the Indian History Congress, vol. 39, 1978, pp. 285–295.

Krishan, Shubhra: *When Indian Coffee House was the Country's Living Room*. Conde Nast Traveller, 22 September 2016, www.cntraveller.in/story/when-indian-coffee-house-was-the-countrys-living-room（參考時間為 2021 年 4 月 7 日）。

Maloni, Ruby Maloni: *Straddling the Arabian Sea: Gujarati Trade with West Asia 17th and 18th Centuries*. Proceedings of the Indian History Congress, vol. 64, 2003, pp. 622–636.

Naidu, Sasubilli Paredasi: *Coffee Industry in India—A Historical Perspective*. IOSR Journal Of Humanities And Social Science (IOSR-JHSS), vol. 23, issue 8, ver. 4, August 2018, www.iosrjournals.org/iosr-jhss/papers/ Vol.%2023%20Issue8/Version-4/D2308042933. Pdf（參考時間為 2021 年 5 月 21 日）。

Preedy, Victor: *Coffee in Health and Disease Prevention*. Elsevier Science, 2014, p. 62.

Saravanan, Velayutham, and Islamia, Jamia Millia: *Colonialism and Coffee Plantations: Decline of Environment and Tribals in Madras Presidency During the Nineteenth Century*. Indian Economic & Social History Review 41(4), December 2004.

Seland, E.: *Networks and Social Cohesion in Ancient Indian Ocean Trade: Geography, Ethnicity, Religion*. Journal of Global History, 8(3), 2013, pp. 373–390, DOI:10.1017/ S1740022813000338（參考時間為 2021 年 5 月 20 日）。

Spuler, Bertold: *The Muslim World: The Last Great Muslim Empires.* Brill, 1969, p. 61.

Thakur, Sankarshan: *The Brothers Bihari.* Harper Collins, 2015.

Cardamom Market. Mordor Intelligence, www.mordorintelligence.com/ industry-reports/cardamom-market（參考時間為 2021 年 4 月 7 日）。

印尼

Cramer, P.J.S.: *A Review of Literature of Coffee Research in Indonesia.* Inter-American Institute of Agricultural Science, 1957, pp. 45, 177.

Dell, Melissa, and Olken, Benjamin A.: *The Development Effects Of The Extractive Colonial Economy: The Dutch Cultivation System In Java.* Harvard University and MIT, October 2018, p. 13.

Farah, Adriana (ed.): *Production, Quality and Chemistry.* Royal Society of Chemistry, 2019, p. 79.

Gordon, Alec: *Indonesia, Plantations and the "Post-Colonial" Mode of Production.* Journal of Contemporary Asia, 12:2, 1982, pp. 168–187, DOI: 10.1080/00472338285390141（參考時間為 2021 年 5 月 21 日）。

Hidayah, Zulyani: *A Guide to Tribes in Indonesia: Anthropological Insights from the Archipelago.* Springer Singapore, 2020, p. 219.

Haswidi, Andi, and BEKRAF: *Kopi: Indonesian Coffee Craft & Culture.* Afterhours Books, 2017.

History of Coffee. National Coffee Association of U. S. A., www.ncausa.org/ about-coffee/ history-of-coffee（參考時間為 2021 年 5 月 9 日）。

Kusama, Ellen: Ngelelet: *Ketika Eksistensi Rokok Tidak Menyebalkan.* 16 December 2016, kesengsemlasem.com/ngelelet-momen- ketika-eksistensi-rokok-tidak-menyebalkan（參考時間為 2021 年 5 月 21 日）。

Lucas, John A.: *Fungi, Food Crops, and Biosecurity: Advances and Challenges.* Advances in Food Security and Sustainability, 2017.

Multatuli: *Max Havelaar, or, the Coffee Auctions of the Dutch Trading Company.* New York Review Books, 2019.

Nafis, Anas, et al.: *Peribahasa Minangkabau.* Intermasa, 1996, p. 223.

Ricklefs, M.C.: *A History of Modern Indonesia since c. 1200.* Macmillan, 2001, p. 156.

Soerodjo, Irawan: *The Advancement of Land Law in Indonesia.* Journal of Law, Policy and Globalization, vol. 37, 2015, pp. 198–203.

Van Nederveen Meerkerk, Elise: *Women, Work and Colonialism in the Netherlands and Asia: Comparisons, Contrasts, and Connections, 1830–1940.* Springer International Publishing, 2019, p. 93.

Vega, Fernando E.: *The Rise of Coffee.* American Scientist, vol. 96, no. 2, March/ April 2008, p. 138.

Wisudawan, Adhitya Pramudia: *The Production and the Consumption of 'Nyethe' in Tulungagung.* Allusion, vol. 02, no. 02, August 2013, journal. unair.ac.id/ download-fullpapers-allusionfc701fe8adfull. Pdf（參考時間為

2021 年 5 月 21 日）。

義大利

A Gourmet Expoforum Fipe Racconta Il Bar Italiano. Federazione Italiana Pubblici Exercizi, 11 June 2018, www. fipe.it/ comunicazione/note-per-la-stampa/ item/5768-a-gourmet-expoforum-fipe-racconta-il-bar-italiano.html（參考時間為 2021 年 6 月 14 日）。

Bersten, Ian: *Coffee Floats Tea Sinks: Through History and Technology to a Complete Understanding.* Helian Books, 1993.

Caprino, Edoardo, and Vecchio, Mauro: *COFFEE MONITOR: 260 Euro La Spesa Media Annua Degli Italiani Per Il Caffè.* Nomisma— Datalytics, 2018, nomisma.it/ wp-content/ uploads/2019/11/COFFEE_ MONITOR_ NOMISMA.pdf（參考時間為 2021 年 6 月 14 日）。

Crocco, Eloisa: *Neapolitan Express: Il Caffè.* Rogiosi, 2016.

Halevy, Alon: *The Infinite Emotions of Coffee.* Macchiatone Communications, 2011, p. 62.

Hinds, Kathryn: *Venice and Its Merchant Empire.* Benchmark Books, 2002.

Johnson-Laird, Philip Nicholas: *How We Reason.* Oxford University Press, 2006, p. 174.

Lima, Darcy R., and Santos, Roseane M.: *An Unashamed Defense of Coffee.* Xlibris Corporation LLC, 2009.

Marocchino Coffee: History and Recipe— Espresso Laboratory. Laboratorio Dell'espresso, 17 July 2018. laboratorioespresso.it/en/marocchino-coffee-recipe（參考時間為 2021 年 6 月 13 日）。

Parasecoli, Fabio: *Food Culture in Italy.* Greenwood Press, 2004, p. 128.

Stull, Eric, et al.: *The History of Coffee in Guatemala.* Independent Publishing Group, 2001.

Ukers, William Harrison. *All About Coffee.* Tea and Coffee Trade Journal Company, 1922.

日本

珍版橫浜文明開化語辞典：舶来語と漢字の出会い「宛字」集. Japan, 光画コミュニケーション プロダクツ, 2007, p. 38.

淹れる・選ぶ・楽しむコーヒーのある暮らし（池田書店). N p., 株式会社 PHP研究所 , 2020, p. 22.

Amiami: 炭火焙煎したコーヒーの特徴: Coffeemecca, 26 Sept. 2016, coffeemecca. jp/ column/trivia/7850（參考時間為 2021 年 6 月 8 日）。

Brown, Kendall H., and Minichiello, Sharon: *Taishō Chic: Japanese Modernity, Nostalgia, and Deco.* Honolulu Academy of Arts, 2001.

Buckley, Sandra: *Encyclopedia of Contemporary Japanese Culture.* Routledge, 2009, p. 79.

Callow, Chloë: *Cold Brew Coffee: Techniques, Recipes & Cocktails for Coffee's Hottest Trend.* Octopus, 2017.

Coffee Market in Japan. All Japan Coffee Association, July 2012, coffee.ajca.or.jp/ wp-content/uploads/2012/07/coffee_ market_ in_japan.pdf（參考時間為 2021

年 6 月 8 日）。

Cole, Allan B.: *Japan's Population Problems in War and Peace.* Pacific Affairs, vol. 16, no. 4, 1943, pp. 397–417, JSTOR, www.jstor.org/ stable/2752077（參考時間為 2021 年 6 月 8 日）。

Diep, C.: *Total Coffee Consumption in Japan from 1990 to 2019.* Statista Infographics, 04 March 2021, www.statista. com/ statistics/314986/japan-total-coffee-consumption（參考時間為 2021 年 6 月 7 日）。

Felton, Emma. Filtered: *Coffee, the Café and the 21st-Century City.* Taylor & Francis, 2018.

Freeman, James, Caitlin Freeman, Tara Duggan, Clay McLachlan, and Michelle Ott: *The Blue Bottle Craft of Coffee: Growing, Roasting, and Drinking, with Recipes.* Ten Speed, 2012, p. 88.

Leavenworth, J. Lynn, and Aikawa, Takaaki. *The Mind of Japan; a Christian Perspective.* Judson Press, 1967, p. 105.

Lone, S.: *The Japanese Community in Brazil, 1908–1940: Between Samurai and Carnival.* Palgrave Macmillan UK, 2001.

Mackintosh, Michelle, and Wide, Steve: *Tokyo.* Pan Macmillan Australia, 2018, p. 140.

Masterson, Daniel M., and Funada-Classen, Sayaka: *The Japanese in Latin America.* University of Illinois Press, 2004.

Minahan, James: *Ethnic Groups of North, East, and Central Asia: An Encyclopedia.* ABC-CLIO, 2014, p. 59.

Namba, Tsuneo, and Matsuse, Tomoco: *[A historical study of coffee in Japanese and Asian countries: focusing the medicinal uses in Asian traditional medicines].* Yakushigaku zasshi, vol. 37,1, 2002, pp. 65–75.

Niehaus, Andreas, and Walravens, Tina (eds.): *Feeding Japan: The Cultural and Political Issues of Dependency and Risk.* Springer International Publishing, 2017, p. 182.

O'Dwyer, Emer Sinéad: *Significant Soil: Settler Colonialism and Japan's Urban Empire in Manchuria.* Harvard U Asia Center, 2015, p. 49.

Rosa, David: *The Artisan Roaster: The Complete Guide to Setting Up Your Own Coffee Roastery Cafe.* Amazon Digital Services LLC – KDP Print US, 2020.

Shurtleff, William, and Aoyagi, Akiko: *History of Soynuts, Soynut Butter, Japanese-Style Roasted Soybeans (Irimame) and Setsubun (with Mamemaki) (1068–2012).* Soyinfo Center, 2012, p. 77.

Suzuki, Teiiti: *The Japanese Immigrant in Brazil.* University of Tokyo Press, 1969, p. 12.

White, Merry: *Coffee Life in Japan.* University of California Press, 2012, pp. 66, 96, 100.

Yoshikawa, Muneo, and Hijirida, Kyoko: *Japanese Language and Culture for Business and Travel.* University of Hawaii Press, 1987, p. 115.

韓國

BAE, Jung Sook: *Consumer Advertising for Korean Women and Impacts of Early Consumer Products under Japanese Colonial Rule.* Icon, vol. 18, 2012,

pp. 104–121. JSTOR, www.jstor. org/ stable/23789343（參考時間為 2021 年 4 月 15 日）。

Griffis, William Elliot: *Corea, the Hermit Nation.* Cambridge University Press, 2014.

Hundt, David, and Bleiker, Roland: *Reconciling Colonial Memories in Korea and Japan.* Asian Perspective, vol. 31, no. 1, special issue on "Reconciliation between China and Japan," The Johns Hopkins University Press, 2007, pp. 61–91.

Lancaster, William Scott, and Sun, Jiaming: *Chinese Globalization: A Profile of People-based Global Connections in China.* Routledge, 2013, p. 126.

Lowell, Percival: *Chosön, the Land of the Morning Calm; a Sketch of Korea.* Boston, Ticknor and Company, 1886.

Park, Young-soon: 커피인문학 . *Coffee Humanities. How did Coffee Seduce the World?,* 2017.

Sangmee, Bak: *Reinventing Korean Food: National Taste and Globalization— From Strange Bitter Concoction to Romantic Necessity: The Social History of Coffee Drinking in South Korea.* Korea Journal 45/2, 2005.

Williams, LT. COL. Alex N.: *Subsistence Supply in Korea.* Q. M. C Quartermaster Review, January-February 1953.

墨西哥

Alexander, William L., et al: *Neoliberalism and Commodity Production in Mexico.* University Press of Colorado, 2012.

Gliessman, Stephen R., and Rosemeyer, Martha: *The Conversion to Sustainable Agriculture: Principles, Processes and Practices.* CRC Press, 2010.

Jaffee, Daniel: *Brewing Justice: Fair Trade Coffee, Sustainability, and Survival.* University of California Press, 2014, p. 38.

Kennedy, Diana: *The Essential Cuisines of Mexico.* Clarkson Potter, 2009.

Long, Long Towell, et al.: *Food Culture in Mexico.* Greenwood Press, 2005, p. 21.

Martinez-Torres, Maria Elena: *Survival Strategies in Neoliberal Markets: Peasant Organizations and Organic Coffee in Chiapas.* in: Mexico in Transition: Neoliberal Globalism, the State and Civil Society, by Gerardo Otero, Fernwood Publ., 2007.

Nolan-Ferrell, Catherine: *Agrarian Reform and Revolutionary Justice in Soconusco, Chiapas: Campesinos and the Mexican State, 1934–1940.* Journal of Latin American Studies, vol. 42, no. 3, 2010, pp. 551–585. JSTOR, www. jstor.org/ stable/40984895（參考時間為 2021 年 6 月 11 日）。

Otera, Adriana: *Coffee Annual: Mexico.* US Department of Agriculture, Foreign Agricultural Service, May 2021, apps.fas.usda.gov/newgainapi/ api/Report/ DownloadReportByFile Name?fileName=Coffee+Annual_ Mexico+City_Mexico_05-15-2021.pdf（參考時間為 2021 年 6 月 11 日）。

Perfecto, Ivette, et al.: *Coffee Landscapes Shaping the Anthropocene: Forced Simplification on a Complex Agroecological Landscape.* Current Anthropology, vol. 60, no. S20, Aug. 2019, DOI:10.1086/703413（參考時間為 2021 年 6 月 11 日）。

Renard, Marie-Christine, and Breña, Mariana Ortega: *The Mexican Coffee*

Crisis. Latin American Perspectives, vol. 37, no. 2, 2010, pp. 21–33, JSTOR, www. jstor.org/ stable/20684713（參考時間為 2021 年 6 月 11 日）。

Robertiello, Jack: *Drinking in the Flavors of Mexico.* Américas, vol. 46–47, Organization of American States, 1994, p. 58.

Shapiro, Howard-Yana, and Grivetti, Louis E.: *Chocolate: History, Culture, and Heritage.* Wiley, 2011.

Simposium Política Mexicana: *Mexico.* Sociedad Mexicana de Geografía y Estadística, 1970.

Ukers, William Harrison. *All About Coffee.* Tea and Coffee Trade Journal Company, 1922, p. 221.

玻里尼西亞

Crawford, J. C.: *On New Zealand Coffee.* In: *Transactions of the Royal Society of New Zealand,* ed. by J. Hector, vol. 9, Royal Society of New Zealand, 1877, pp. 545–546.

Kinro, Gerald: *A Cup of Aloha: The Kona Coffee Epic.* University of Hawai῾i Press, 2003.

Landcare Research Manaki Whenua: *Plant Use Details of Coprosma robusta.* Māori Plant Use Database, Ngā Tipu Whakaoranga Database, 2021, maoriplantuse. landcareresearch.co.nz, Record ID Number 1140（參考時間為 2021 年 5 月 23 日）。

McLintock, A. H. (ed.): *Crawford, James Coutts.* In: *An Encyclopaedia of New Zealand,* Te Ara—the Encyclopedia of New Zealand, 1966, www.TeAra.govt.nz/ en/1966/crawford- james-coutts（參考時間為 2021 年 5 月 24 日）。

Melillo, Edward D.: *Boki's Beans: A People's History of Hawaiian Coffee.* Honolulu Magazine, 27 May 2021, www. honolulumagazine.com/bokis-beans-a-peoples-history-of-hawaiian-coffee（參考時間為 2021 年 6 月 15 日）。

Roberts, Peter, and Trewick, Chad: *Specialty Coffee Transaction Guide 2020.* 2020, www.transactionguide.coffee（參考時間為 2021 年 5 月 27 日）.

Schmitt, Robert C., and Ronck, Ronn: *Firsts and Almost Firsts in Hawai῾i.* University of Hawai'i Press, 1995, p. 17.

Stanley, David: *South Pacific Handbook.* Moon Publications, 1993, p. 126.

State of Hawaii Department of Agriculture Market Analysis and News Branch, et al.: *Coffee Acreage, Yield, Production, Price and Value State of Hawaii, 2020.* May 2020, hdoa.hawaii.gov/add/files/2020/06/ Coffee-Stats-2019_SOH-05.29.20.pdf（參考時間為 2021 年 5 月 27 日）。

Tahiti Tourisme: *Tahiti Dining Fact Sheets.* The Islands of Tahiti, 20 May 2020, tahititourisme.com/en-us/media/fact-sheets/ dining（參考時間為 2021 年 5 月 23 日）。

新加坡

Bernards, Brian C.: *Writing the South Seas: Imagining the Nanyang in Chinese and Southeast Asian Postcolonial Literature.* University of Washington Press, 2015.

Chang, Cheryl, and McGonigle, Ian: *Kopi Culture: Consumption, Conservatism and Cosmopolitanism among Singapore's Millennials.* Asian Anthropology, 19:3, 2020, pp. 213–231, DOI: 10.1080/1683478X.2020.1726965（參考

時間為 2021 年 5 月 20 日）。

Eng, Lai Ah: The Kopitiam in Singapore: *An Evolving about Migration and Cultural Diversity.* Asia Research Institute Working Paper No. 132, 2010, papers.ssrn.com/sol3/ papers.cfm?abstract_id=1716534（參考時間為 2021 年 4 月 7 日）。

Vaughan, J.D. Vaughan: *The Manners and Customs of the Chinese of the Straits Settlements.* Mission Press, 1879

Yap, M.T.: *Hainanese in the Restaurant and Catering Business.* In: *Chinese Dialect Groups: Traits and Trades,* ed. by T.T.W. Tan, Opinion Books, 1990, pp. 78–79.

西班牙

Burdett, Avani: *Delicatessen Cookbook— Burdett's Delicatessen Recipes: How to make and sell Continental & World Cuisine foods.* Springwood emedia, 2012.

Campbell, Jodi: *At the First Table: Food and Social Identity in Early Modern Spain.* University of Nebraska Press, 2017.

Foreign Crops and Markets. The Bureau, 1947, p. 208.

Fowler-Salamini, Heather: *Working Women, Entrepreneurs, and the Mexican Revolution: The Coffee Culture of Córdoba, Veracruz.* University of Nebraska Press, 2013.

Hempstead, William H., et al.: *The History of Coffee in Guatemala.* Independent Publishing Group, 2001.

Imamuddin, S.M.: *Muslim Spain 711–1492 A.D.: A Sociological Study.* Brill, 1981.

Kurlansky, Mark: *Milk! A 10,000-Year Food Fracas.* Bloomsbury Publishing, 2018.

Preedy, Victor: *Coffee in Health and Disease Prevention.* Elsevier Science, 2014, p. 90.

Terry, Laurence M.: *Coffee Culture in Mexico.* Comp. Frederick Marriott, The Overland Monthly 37, 1901, pp. 703–09.

Ukers, William Harrison. *All About Coffee.* Tea and Coffee Trade Journal Company, 1922, pp. 241, 686.

Vega, César et al.: *The Kitchen as Laboratory: Reflections on the Science of Food and Cooking.* Columbia University Press, 2013, p. 94.

Willson, Anthony: *Equatorial Guinea Political History, and Governance, the Hidden History.* Lulu.com, 2017.

坦尚尼亞

Ashkenazi, Michael, and Jacob, Jeanne: *The World Cookbook: The Greatest Recipes from Around the Globe.* ABC-CLIO, 2014, p. 144.

Charles, Goodluck, and Anderson, Wineaster: *International Marketing: Theory and Practice from Developing Countries.* Cambridge Scholars Publishing, 2016, p. 6.

Davis, Aaron & Govaerts, Rafaël & fls, DIANE & Stoffelen, Piet.: *An annotated taxonomic conspectus of genus Coffea (Rubiaceae).* Botanical Journal of the Linnean Society, 152, 2006, pp. 465–512, DOI: 10.1111/j.1095-8339.2006.00584.x（參考時間為 2021 年 5 月 5 日）。

Haustein, Jörg: *Strategic Tangles: Slavery, Colonial Policy, and Religion in German East Africa, 1885–1918.* Atlantic

Studies, 14:4, 2017, pp. 497–518, DOI: 10.1080/14788810.2017.1300753（參考時間為 2021 年 5 月 10 日）。

Kieran, J.A.: *The Origins of Commercial Arabica Coffee Production in East Africa.* African Historical Studies, vol. 2, no. 1, Boston University African Studies Center, 1969, pp. 51–67. DOI: 10.2307/216326（參考時間為 2021 年 5 月 21 日）。

Kourampas N., Shipton C., et al.: *Late Quaternary Speleogenesis and Landscape Evolution in a Tropical Carbonate Island: Pango la Kuumbi (Kuumbi Cave), Zanzibar.* International Journal of Speleology, 44 (3), 2015, pp. 293–314. DOI: 10.5038/1827-806X.44.3.7（參考時間為 2021 年 5 月 9 日）。

Maganda, Dainess Mashiku: *Swahili People and Their Language.* Adonis & Abbey, 2014, p. 74.

Munger, Edwin S.: *African Coffee on Kilimanjaro: A Chagga Kihamba.* Economic Geography, vol. 28, no. 2, 1952, pp. 181–185, JSTOR, www.jstor.org/ stable/141027（參考時間為 2021 年 5 月 27 日）。

Sheriff, Abdul: *Slaves, Spices, and Ivory in Zanzibar: Integration of an East African Commercial Empire into the World Economy, 1770–1873.* Eastern African Studies, Ohio University Press, 1987.

Smallholder Farming and Smallholder Development in Tanzania: Ten Case Studies. Weltforum Verlag, 1968, p. 177.

Soini, E.: *Changing Livelihoods on the Slopes of Mt. Kilimanjaro, Tanzania: Challenges and Opportunities in the Chagga Homegarden System.* Agroforest Syst 64, 2005, pp. 157–167, DOI: 10.1007/ s10457-004-1023-y（參考時間為 2021 年 5 月 27 日）。

Thomas, A.S.: *Types of Robusta Coffee and their Selection in Uganda.* The East African Agricultural Journal, 1:3, 1935, pp. 193–197, DOI: 10.1080/03670074.1935.11663646（參考時間為 2021 年 5 月 21 日）。

Tripp, Aili Mari: *Changing the Rules: The Politics of Liberalization and the Urban Informal Economy in Tanzania.* University of California Press, 1997, p.33.

Weiss, Brad: *Sacred Trees, Bitter Harvests: Globalizing Coffee in Northwest Tanzania.* University of Michigan, 2003, p. 18.

Wood, M., Panighello, S., Orsega, E.F. et al.: *Zanzibar and Indian Ocean trade in the first Millennium CE: the Glass Bead Evidence.* Archaeol Anthropol Sci 9, 2017, pp. 879–901, DOI: 10.1007/s12520-015-0310-z（參考時間為 2021 年 5 月 10 日）。

加勒比海地區

Adler, Leonore Loeb, and Uwe p. Gielen: *Migration: Immigration and Emigration in International Perspective.* Praeger, 2003, p. 124.

Bryan, Patrick E.: *The Haitian Revolution and Its Effects.* Taylor & Francis Group, 1984, p. 33.

Corbett, Ben: *This Is Cuba: An Outlaw Culture Survives.* Basic Books, 2007.

Daily Consular and Trade Reports No. 3174. U. S. Government Printing Office, 12 May 1908, p. 5.

Daly, Jack & Hamrick, Danny & Fernandez-Stark, Karina & Bamber, Penny: *Jamaica in the Arabica Coffee*

Global Value Chain. 2018, DOI: 10.13140/ RG.2.2.35977.95849（參考時間為 2021 年 6 月 10 日）。

DeMers, John: *Food of Jamaica: Authentic Recipes from the Jewel of the Caribbean.* Tuttle Publishing, 1998, p. 23.

Dicum, Gregory, and Luttinger, Nina: *The Coffee Book: Anatomy of an Industry from Crop to the Last Drop.* New Press, 2012.

Fatah-Black, Karwan: *White Lies and Black Markets: Evading Metropolitan Authority in Colonial Suriname, 1650–1800.* Brill, 2015, p. 69.

Figueredo, D.H., and Argote-Freyre, Frank: *A Brief History of the Caribbean.* Facts On File, Incorporated, 2008, p. xvi.

Head, David (ed.): *Encyclopedia of the Atlantic World, 1400–1900: Europe, Africa, and the Americas in An Age of Exploration, Trade, and Empires [2 Volumes].* ABC-CLIO, 2017, p. 571.

History of Coffee. National Coffee Association of U.S.A., www.ncausa.org/ about-coffee/ history-of-coffee（參考時間為 2021 年 5 月 9 日）。

Kirk, John M., and Halebsky, Sandor: *Cuba- twenty-five Years of Revolution, 1959–1984.* Praeger, 1985, p. 70.

Klein, Herbert S.: *African Slavery in Latin America and the Caribbean.* Oxford University Press, 25 Sep 1986.

Lawson, George, and Go, Julian (eds.): *Global Historical Sociology.* Cambridge University Press, 2017, p. 77.

Morris, Jonathan: *Coffee: A Global History.* Reaktion Books, 2018.

Newberry, William: *The Caribbean.* The Sage Encyclopedia of Corporate Reputation (ed. Craig E. Carroll), Thousand Oaks: Sage, 2016.

Pérez, Louis A.: *Cuba: Between Reform and Revolution.* Oxford University Press, 2015, pp. 82, 286.

Popkin, Jeremy D.: *You Are All Free: The Haitian Revolution and the Abolition of Slavery.* Cambridge University Press, 2010.

Trouillot, Michel-Rolph: *Motion in the System: Coffee, Color, and Slavery in Eighteenth- Century Saint-Domingue.* Review (Fernand Braudel Center), vol. 5, no. 3, 1982, pp. 331–388. JSTOR, www. jstor.org/ stable/40240909（參考時間為 2021 年 6 月 9 日）。

Schroeder, Kira: *The Case of Blue Mountain Coffee, Jamaica.* In: *Guide to Geographical Indications: Linking Products and Their Origins,* by Daniele Giovannucci, International Trade Centre, 2009, pp. 170–76.

Sheen, Barbara: *Foods of Cuba.* Greenhaven Publishing LLC, 2010.

Siegel, P., and Alwang, J.R.: *Export commodity production and broad-based rural development: coffee and cocoa in the Dominican Republic.* World Bank, Agriculture and Rural Development Dept. and Latin American and the Caribbean Region, Rural Development Family, 2004, p. 36.

Terry, Thomas Philip: *Terry's Guide to Cuba: Including the Isle of Pinea, with a Chapter on the Ocean Routes to the Island; a Handbook for Travelers, with 2 Specially Drawn Maps and 7 Plans.* Houghton

Mifflin, 1926.

Ukers, William Harrison: *All About Coffee.* Tea and Coffee Trade Journal Company, 1922, p. 8.

北歐

Albala, Ken: *Food Cultures of the World Encyclopedia.* Greenwood, 2011, p. 313.

Åreng, Emil: *Kaffekask—Från råtypisk Nationaldryck till Lyxdrink.* Kafferosteriet Koppar AB, 4 Mar. 2019, www.kafferosterietkoppar.se/info/ proffsets-kaffekask-recept/&gt（參考時間為 2021 年 6 月 6 日）。

Brones, A., and Kindvall, J.: *Fika: The Art of the Swedish Coffee Break, with Recipes for Pastries, Breads, and Other Treats.* Ten Speed Press, 2015, p. 3.

Cederström, B.M.: *Folkloristic koinés and the emergence of Swedish-American ethnicity.* Arv, Nordic Yearbook of Folklore, V. 68, 2012, pp. 121–150.

Charrier, André, and Berthaud, Julien: *Botanical Classification of Coffee.* In: *Coffee: Botany, Biochemistry and Production of Beans and Beverage,* ed. by M.N. Clifford and K.C. Willson, The AVI Publishing Company, Inc., 1985, pp. 13–47.

Dregni, Eric: *Vikings in the Attic: In Search of Nordic America.* University of Minnesota Press, 2013.

Fox, Killian: *The Gannet's Gastronomic Miscellany.* Octopus, 2017.

Harbutt, Juliet: *World Cheese Book.* DK Publishing, 2015, p. 251.

Hatt, Emilie Demant, and Sjoholm, Barbara: *With the Lapps in the High Mountains: a Woman among the Sami, 1907–1908.* The University of Wisconsin Press, 2013.

Hodacs, Hanna: *4 Coffee and Coffee Surrogates in Sweden: A Local, Global, and Material History.* In: *Locating the Global,* ed. by Holger Weiss, De Gruyter Oldenbourg, 2020, pp. 73–94, DOI: 10.1515/9783110670714-004（參考時間為 2021 年 5 月 13 日）。

Koerner, Lisbet: *Linnaeus: Nature and Nation.* Harvard University Press, 2009, p. 130.

Kolbu, Chris, and Wuolab, Anne: *Saami Coffee Culture.* In: *Indigenous Efflorescence: Beyond Revitalisation in Sapmi and Ainu Mosir,* ed. by Gerald Roche et al., ANU Press, 2018, pp. 205–208, JSTOR, www.jstor.org/stable/j.ctv9hj9pb.32（參考時間為 2021 年 5 月 19 日）。

Lagerholm, J.: *Hemmets läkarebok, populär medicinsk rådgifvare för friska och sjuka: med öfver 200 illustrationer i en mångfald färgtrycksplanscher samt 5 isärtagbara modeller, receptbok till bruk för hemmet, ordlista öfver medicinska termer ock uttryck, förslag till husapotek, stort uppslagsregister.* Fröleen, 1924, p. 212.

Lintelman, Joy K.: *A Hot Heritage: Swedish Americans and Coffee.* Minnesota History, 63/5, Spring 2013, pp. 190–202.

Müller, Leos: *Kolonialprodukter i Sveriges handel och konsumtionskultur, 1700–1800.* Historisk tidskrift, 124, 2004, pp. 225–248.

Rolnick, Harry: *The Complete Book of Coffee.* Melitta, 1986, p. 76.

Ukers, William Harrison: *All About Coffee.* Tea and Coffee Trade Journal Company, 1922, p. 290.

Perry, Sara: *The New Complete Coffee Book: A Gourmet Guide to Buying, Brewing, and Cooking.* Chronicle Books, 2003.

Preedy, Victor: *Coffee in Health and Disease Prevention.* Elsevier Science, 2014, p. 266.

Reindeer Cheese. Ark of Taste. Slow Food Foundation for Biodiversity, www.fondazioneslowfood.com/en/ ark-of-taste-slow-food/reindeer-cheese（參考時間為 2021 年 5 月 21 日）。

Samisk mat. Exempel på mattraditioner som grund för det moderna samiska köket. The Sami Parliament, May 2010, www.samer.se/3539（參考時間為 2021 年 5 月 21 日）。

Sider, Gerald M.: *Skin for Skin: Death and Life for Inuit and Innu.* Duke University Press, 2014, p. 5.

Sønderjysk Kaffebord. Visit Sønderjylland, 2021, www.visitsonderjylland.dk/turist/ oplevelser/en-bid-af-soenderjylland/ soendersjysk-kaffebord（參考時間為 2021 年 6 月 15 日）。

Wright, George Frederick, and Upham, Warren: *Greenland Icefields and Life in the North Atlantic: With a New Discussion of the Causes of the Ice Age.* K. Paul, Trench, Trübner & Company Limited, 1896, p. 130.

土耳其

Collaço, Gwendolyn: *The Ottoman Coffeehouse: All the Charms and Dangers of Commonality in the 16th-17th Centuries.* Lights: The MESSA Journal, A University of Chicago Graduate Publication 1, No. 1 (Fall 2011), pp. 61–71.

Gokce, Yesim: *Your Future in a Cup of Coffee.* Turkish Cultural Foundation www.turkishculture.org/lifestyles/ turkish-culture-portal/coffee-fortune- telling-205.htm（參考時間為 2021 年 5 月 12 日）。

Howard, Douglas A.: *A History of the Ottoman Empire.* Cambridge University Press, 2017.

Kafadar, C.: *How Dark is the History of the Night, How Black the Story of Coffee, How Bitter the Tale of Love: The Changing Measure of Leisure and Pleasure in Early Modern Istanbul.* In: *Medieval and Early Modern Performance in the Eastern Mediterranean,* ed. by A. Öztürkmen and E.B. Vitz, Turnhout: Brepols, 2014, pp. 243–269, DOI:10.1484/M. LMEMS-EB.6.09070802050003050406090109（參考時間為 2021 年 5 月 12 日）。

Karababa, Emīnegül, and Ger, Gülīz: *Early Modern Ottoman Coffeehouse Culture and the Formation of the Consumer Subject.* Journal of Consumer Research, vol. 37, no. 5, 2011, pp. 737–760, JSTOR, www.jstor.org/ stable/10.1086/656422（參考時間為 2021 年 5 月 25 日）。

Kritzeck, James: *Anthology of Islamic Literature, From the Rise of Islam to Modern Times.* Holt, Rinehart, and Winston, 1964, pp. 326–334.

Lafferty, Samantha: *Istanbul & Surroundings Travel Adventures.* Hunter Publishing, Incorporated, 2011.

Malecka, A.: *How Turks and Persians Drank Coffee: A Little-known Document of Social History.* Turkish Historical Review, 6 (2), 2015, pp. 175–193, DOI:

10.1163/18775462-00602006（參考時間為 2021 年 5 月 12 日）。

Osmano lu, Ayşe, and Ünüvar, Safiye: *The Hazenidar Ustas and Hazenidar Kalfas.* In: *The Concubine, the Princess, and the Teacher: Voices from the Ottoman Harem,* by Douglas Scott Brookes, University of Texas Press, 2010, p. 236.

Peçevi, Ibrahim: *Tarih-I.* In: *Istanbul and the Civilization of the Ottoman Empire,* by Bernard Lewis, University of Oklahoma Press, 1963, 133.

Shaw, Ezel Kural, and Shaw, Stanford J.: *History of the Ottoman Empire and Modern Turkey: Volume 1, Empire of the Gazis: The Rise and Decline of the Ottoman Empire 1280–1808.* Cambridge University Press, 1976.

Yaccob, Abdol Rauh: *Yemeni Opposition to Ottoman Rule: an Overview.* Proceedings of the Seminar for Arabian Studies, vol. 42, 2012, pp. 411–419, JSTOR, www.jstor.org/ stable/41623653（參考時間為 2021 年 5 月 11 日）。

越南

Agergaard, Jytte, Fold, Niels, and Gough, Katherine: *Global-Local Interactions: Socioeconomic and Spatial Dynamics in Vietnam's Coffee Frontier.* The Geographical Journal, 175, 2009, pp. 133–145, DOI: 10.1111/j.1475-4959.2009.00320.x（參考時間為 2021 年 5 月 21 日）。

Bouillet, Marie Nicolas: *Cafetière.* In: *Dictionnaire universel des sciences, des lettres et des arts: avec l'explication et l'étymologie de tous les termes techn., l'histoire sommaire de chacune des principales branches des connaissances humaines, et l'indication des principaux ouvrages qui s'y rapportent.* Hachette, 1855, p. 234.

Coste, Jean-François: *Almanach des gourmands: servant de guide dans les moyens de faire excellente cherè.* Vol. 2, Chez Maradan, 1805, p. 212.

D'haeze, Dave & Deckers, Jozef & Raes, Dirk & Phong, T.A. & Loi, H.: *Environmental and Socio-Economic Impacts of Institutional Reforms on the Agricultural Sector of Vietnam Land Suitability Assessment for Robusta Coffee in the Dak Gan Region.* Agriculture, Ecosystems & Environment, 105, 2005, pp. 59–76, DOI: 10.1016/j.agee.2004.05.009（參考時間為 2021 年 5 月 21 日）。

Doutriaux, S., Geisler, C. and Shively, G.: *Competing for Coffee Space: Development- Induced Displacement in the Central Highlands of Vietnam.* Rural Sociology, 73, 2008, pp. 528–554, DOI: 10.1526/003601108786471422（參考時間為 2021 年 4 月 30 日）。

Goscha, Christopher: *Vietnam: A New History.* Basic Books, 2016, p. 157.

Heard, Brent & Trinh, Thi Huong & Burra, et al.: *The Influence of Household Refrigerator Ownership on Diets in Vietnam.* Economics & Human Biology, 39, DOI: 10.1016/j. ehb.2020.100930（參考時間為 2021 年 5 月 21 日）。

Marsh, Anthony: *Diversification by Smallholder Farmers: Viet Nam Robusta Coffee.* Food and Agriculture Organization of the United Nations, 2007.

McLeod, M.W., Dieu, N.T., Nguyen, T. D: *Culture and Customs of Vietnam.* Greenwood Press, 2001, p. 128.

Meyfroidt, p. et al.: *Trajectories of Deforestation, Coffee Expansion and Displacement of Shifting Cultivation in the Central Highlands of Vietnam.* Global Environmental Change-human and Policy Dimensions 23, 2013, pp. 1187–1198.

Nguyen, Thuy Linh: *Childbirth, Maternity, and Medical Pluralism in French Colonial Vietnam, 1880–1945.* University of Rochester Press, 2016, p. 160.

Peters, E.J.: *Appetites and Aspirations in Vietnam: Food and Drink in the Long Nineteenth Century.* AltaMira Press, 2012, p. 201.

Luna, Fátima, and Wilson, Paul N.: *An Economic Exploration of Smallholder Value Chains: Coffee Transactions in Chiapas, Mexico.* International Food and Agribusiness Management Review, vol. 18, issue 3, 2015, p. 87.

葉門

Ficquet, Éloi: *Many Worlds in a Cup: Identity Transactions in the Legend of Coffee Origins.* L'Africa Nel Mondo, Il Mondo in Africa/Africa in the World, the World in Africa. Ed. A. Gori and F. Viti. Milano: Accademia Ambrosiana, 2021.

Giovannucci, Daniele: *Moving Yemen Coffee Forward Assessment of the Coffee Industry in Yemen to Sustainably Improve Incomes and Expand Trade.* USAID, pdf. usaid.gov/pdf_docs/Pnadf516.pdf（參考時間為 2021 年 4 月 24 日）。

Hattox, Ralph S.: *Coffee and Coffeehouses: The Origins of a Social Beverage in the Medieval Near East.* University of Washington Press, 1985.

Introduction to the Archaeology of RAK. Department of Heritage Antiquities & Museum, Ras Al Khaimah, www.rakheritage.rak.ae/en/pages/intro.aspx（參考時間為 2021 年 4 月 23 日）。

Montagnon, C., Mahyoub, A., Solano, W., and Sheibani, F.: *Unveiling a Unique Genetic Diversity of Cultivated Coffea Arabica L. in its Main Domestication Center: Yemen.* Genetic Resources and Crop Evolution, 2021, link.springer.com/article/10.1007/ s10722-021-01139-y（參考時間為 2021 年 4 月 22 日）。

Robinette, G.W.: *The War on Coffee.* Graffiti Militante Press, 2018, p. 147.

Walker, Bethany J., Insoll, Timothy, and Fenwick, Corisande: *The Oxford Handbook of Islamic Archaeology.* Oxford University Press, 2020, p. 204.

Kafadarpp, Cemal: *How Dark is the History of the Night, How Black the Story of Coffee, How Bitter the Tale of Love: The Changing Measure of Leisure and Pleasure in Early Modern Istanbul.* In: *Medieval and Early Modern Performance in the Eastern Mediterranean,* Brepols Publishers, 2014, pp. 243–269.

Ukers, William Harrison: *All About Coffee.* Tea and Coffee Trade Journal Company, 1922, p. 26.

Wild, Antony: *Coffee: A Dark History.* W W Norton & Co Inc, 2005, p. 76.

Yaccob, Abdol Rauh: *Yemeni opposition to Ottoman rule: an overview.* Proceedings of the Seminar for Arabian Studies Vol. 42, Papers from the forty-fifth meeting of the Seminar for Arabian Studies held at the British Museum, London, 28 to 30 July 2011, 2012, pp. 411–419.

圖片版權與專家簡介

新加坡

Gunvor Eline Eng Jakobsen,
gunvorejakobsen.no
第 211 ～ 216 頁

Lani Kingston,
lanikingston.com
第 217（上圖）頁

Yongheng Lim, Alamy Stock Photo
第 217（下圖）頁

Photographed by Photost0ry, gettyimages
第 219 頁

Beatrix Basu,
beatrixbasu.com
第 221 頁

韓國

Jen Kim,
aretherelilactrees.com
第 223 ～ 226、227（上圖）、228 ～ 231
頁

Inhee Jjang/EyeEm, Alamy Stock Photo
第 227（下圖）頁

Gunvor Eline Eng Jakobsen,
gunvorejakobsen.no
第 233 頁

Andria Lo,
andrialo.com
第 235 頁

北歐

Gunvor Eline Eng Jakobsen,
gunvorejakobsen.no
第 237、243、246（上圖）、247 ～ 251 頁

Elena Shamis,
elensham.com
第 238 頁

David Post,
david-post.com
第 241 ～ 242、244 ～ 245 頁

Pawe Garski, Alamy Stock Photo
第 246（下圖）頁

Charlie Bennet,
charliebennet.com
第 253 頁

專有名詞

Gunvor Eline Eng Jakobsen,
gunvorejakobsen.no
第 255 頁

David Post,
david-post.com
第 256 頁

【專家簡介】

少了以下專家們的協助審閱、翻譯、編輯，
以及提供他們國家專有的咖啡文化與傳
統見解，本書不可能完成。

阿拉伯半島

Anda Greeney
哈佛大學（Harvard University）碩士後
選人，葉門的當代與歷史咖啡行業；Al
Mokha 線上咖啡店商擁有者。

Abdullah Bin Nasser Bin Kulayb
Qahwa 冠軍賽評審；沙烏地阿拉伯的
Knoll Coffee Roasters 及 Kooz Al Qahwa
Coffee Roasters 烘豆公司的共同創辦人。

Youness Marour 與 Olivia Curl
阿拉伯語譯者。

巴西

Dr. Seth W. Garfield
德州大學奧斯汀分校（The University of
Texas at Austin）的巴西歷史與環境歷史
教授。

衣索比亞

Dr. Éloi Ficquet
人類學家與歷史學家；巴黎社會科學高
等學院（EHESS）教授；衣索比亞阿迪斯
阿貝巴（Addis Ababa）的衣索比亞研究
法國中心主任；《法語與安哈拉語字典》（A
French-Amharic Dictionary）的作者。

日本

Dr. Merry White
波士頓大學（Boston University）的人類
學教授，專精於日本研究、食物與旅行；《日
本的咖啡日常》（Coffee Life in Japan）
的作者。

印度

Dr. Bhaswati Bhattacharya
《喝咖啡，生是非》（Much Ado Over
Coffee）的作者，也是哥廷根大學
（University of Göttingen）印度社會歷
史系的前研究員。

印尼

Adi Taroepratjeka
Coffee Story Show 節目主持人，也是印
尼第一位咖啡品質鑑定師（Q Grader），
為咖啡教育者。

韓國

Dr. Jia Choi
食物文化研究者、歷史學家與顧問，擁有
首爾梨花大學（Ewha University）食品營
養學系博士學位。

Jung Gee
韓國《咖啡月刊》（Coffee Monthly）編輯。

墨西哥

Dr Steffan Igor Ayora Diaz
猶加敦自治大學（Universidad Autónoma
de Yucatán）人類學教授。

Dr. Casey Lurtz
約翰霍普金斯大學（Johns Hopkins
University）歷史學助理教授；《從頭開
始：南墨西哥出口經濟的興起》（From
the Grounds Up: Building an Export
Economy in Southern Mexico）的作者。

北歐

Linda Sandvik
生豆商 Nordic Approach 的前員工。

玻里尼西亞

Shawn Steiman
夏威夷咖啡顧問。

新加坡

Dr. Khairudin Aljunied
新加坡國立大學（National University of
Singapore）馬來世界知識與社會歷史學
助理教授。

Robert Chohan
英國 Kopi House 的擁有者。

西班牙

Kim Ossenblok
咖啡顧問與作家，《開門見山》（¡AL
GRANO!）的作者。

坦尚尼亞

Dr. Ned Bertz
夏威夷大學（University of Hawai'i）的南
亞、非洲、印度洋、世界歷史學助理教授。

Noreen Chichon and Thomas Plattner
Zanzibar Coffee Company ／ Utengule
Estates 的咖啡專家。

土耳其

Dr. Hakan Karateke
芝加哥大學（The University of Chicago）
的鄂圖曼與土耳其文化、語言及文學教
授。

越南

Erica J. Peters
料理歷史學家；《越南的胃口與抱負：漫
長十九世紀間的食物與飲品》（Appetites
and Aspirations in Vietnam: Food and
Drink in the Long Nineteenth Century）
的作者；北加州料理歷史學家（Culinary
Historians of Northern California）的共
同創辦人與經理。

Trần Hân
越南國家咖啡師冠軍。

葉門

Faris Sheibani
專精於葉門產區的生豆商，也是 Qima
Coffee 創辦人。

Anda Greeney
哈佛大學（Harvard University）碩士後
選人，葉門的當代與歷史咖啡行業；Al
Mokha 線上咖啡店商擁有者。

飲饌風流 118

尋味・世界咖啡

跟著咖啡豆的流轉傳播，認識在地沖煮配方與品飲日常，探索全球咖啡文化風景

原　書　名 —— Spill the Beans: Global Coffee Culture and Recipes
作　　　者 —— 藍妮・金士頓（Lani Kingston）
譯　　　者 —— 魏嘉儀

總　編　輯 —— 王秀婷
主　　　編 —— 洪淑暖

發　行　人 —— 涂玉雲
出　　　版 —— 積木文化
　　　　　　　104 台北市民生東路二段 141 號 5 樓
　　　　　　　電話：(02)2500-7696　傳真：(02)2500-1953
　　　　　　　官方部落格：http://cubepress.com.tw
　　　　　　　讀者服務信箱：service_cube@hmg.com.tw

發　　　行 —— 英屬蓋曼群島商家庭傳媒股份有限公司城邦分公司
　　　　　　　台北市民生東路二段 141 號 11 樓
　　　　　　　讀者服務專線：(02)25007718-9
　　　　　　　24 小時傳真專線：(02)25001990-1
　　　　　　　服務時間：週一至週五 09:30-12:00、13:30-17:00
　　　　　　　郵撥：19863813　戶名：書虫股份有限公司
　　　　　　　網站　城邦讀書花園 | 網址：www.cite.com.tw

香港發行所 —— 城邦（香港）出版集團有限公司
　　　　　　　香港灣仔駱克道 193 號東超商業中心 1 樓
　　　　　　　電話：+852-25086231　傳真：+852-25789337
　　　　　　　電子信箱：hkcite@biznetvigator.com

馬新發行所 —— 城邦（馬新）出版集團 Cite (M) Sdn Bhd
　　　　　　　41, Jalan Radin Anum, Bandar Baru Sri Petaling, 57000 Kuala Lumpur, Malaysia.
　　　　　　　電話：(603) 90578822　傳真：(603) 90576622
　　　　　　　電子信箱：cite@cite.com.my

封面完稿 —— 曲文瑩
製版印刷 —— 上晴彩色印刷製版有限公司

Original title: Spill the Beans. Edited and designed by gestalten. Contributing editor: Lani Kingston. Concept, text and recipes by Lani Kingston. Recipe testing and editing by Rachel V Kingston. Captions by Anna Southgate. Edited by Robert Klanten and Andrea Servert. Illustrations by David Sparshott (pp 10-21, 24-25).
Copyright © 2022 by Die Gestalten Verlag GmbH & Co. KG
All rights reserved. No part of this publication may be used or reproduced in any form or by any means without written permission except in the case of brief quotations embodied in critical articles or reviews.
For the Complex Chinese Edition Copyright © 2023 by Cube Press
This edition is published by arrangement with Gestalten through The Paisha Agency.

【印刷版】
2023 年 8 月 17 日　初版一刷
售　價／ NT$ 1200
ISBN 978-986-459-513-6

【電子版】
2023 年 8 月
ISBN 978-986-459-514-3（EPUB）
有著作權・侵害必究

國家圖書館出版品預行編目 (CIP) 資料

尋味 . 世界咖啡：跟著咖啡豆的流轉傳播，認識在地沖煮配方與品飲日常，
探索全球咖啡文化風景 / 藍妮 . 金士頓 (Lani Kingston) 著；魏嘉儀譯 . --
初版 . -- 臺北市：積木文化出版：英屬蓋曼群島商家庭傳媒股份有限公司
城邦分公司發行 , 2023.08
　　面；　公分 . --（飲饌風流；118）
　　譯自：Spill the beans : global coffee culture and recipes
　　ISBN 978-986-459-513-6（精裝）
　　1.CST: 咖啡
427.42　　　　　　　　　　　　　　　　　　　　　　　　112010766